KB119818

과학하고 놉니다

과학하고 놉니다

재미로 시작해
지식으로 끝나는
기상천외 과학실험툰

정용준 글
하얀콩 그림

위즈덤하우스

프롤로그

저랑 같이 과학하고 놀래요?

과학과 공학을 대중적인 문화로 만드는 데에 일조하고 싶다는 마음으로 2018년 9월에 유튜브를 시작했다. 영상을 만들어 올리면서 내가 가장 행복했던 순간은 '용달님 덕분에 과학에 관심이 생겼어요'라는 댓글을 볼 때다. 나에게서 누군가 영감을 받았다는 감각은 특별했다. 과학 크리에이터가 되지 않았다면 느끼지 못했을 선물이다.

이 책은 내가 직접 실험했던 과학 원리들을 '재밌게' 담은 책이다. 내 입으로 '재밌는 책'이라고 말하는 게 팔불출 같지만 재밌는 과학책이 되었으면 하는 바람이 아니었다면 이 프로젝트에 뛰어들지 못했을 것이다. 그렇다. 나는 싱거워 보이지만 재미에 진심이다. 줄곧 재미라는 징검다리를 건너 지금에 이르렀으니.

본격적으로 과학썰을 풀기 전에 지면을 빌려 나의 이야기를 해보려고 한다. 어리바리했던 한 학생이 진짜 하고 싶은 일을 하기까지의 과정에서, 무엇이 되었든 자신이 원하는 삶을 힘껏 사는 것이 '재밌지 아니한가' 이야기하고 싶어서다. 목적에 성공할지는 모르지만.

▶ 형제의 난이 낳은 승부욕

1996년 8월 4일, 서울의 한 병원에서 태어났다. 아쉽게도 다섯 살 이전의 기억은 거의 없다(누구나 그렇겠지만). 집 근처에서 눈사람을 만들면서 놀았던 희미한 잔상만 머릿속에 남아 있을 뿐이다. 여섯 살 때, 좋은 공기와 자연에서 아이들이 자랐으면 하는 부모님의 바람에 우리 가족은 용인으로 이사했다.

나는 사 남매 중 둘째이다. 내 위로는 누나, 밑으로는 남동생, 여동생이 있다. 나이 차이가 많이 나지 않아서 자주 다퉜다. 그뿐인가. 항상 경쟁하면서 먹어대느라 냉장고나 부엌에는 먹을 수 있는 음식이 존재하지 않았다. 콩 한쪽도 나누면서 사이 좋게 먹는 형제의 모습은 단언컨대 우리 집 이야기는 아니었다. 그저 누가 먼저 빠르게 음식을 점령하여 먹는지가 중요했다. 하루는 어머니가 짜장면과 탕수육을 시켜주었는데, 특히나 식탐이 많던 남동생은 본인의 짜장면은 거의 건드리지 않고, 공용으로 먹는 탕수육을 집중 공략하기 시작했다. 탕수육이 바닥나고서야 본인의 짜장면을 먹는 것을 보고, 정말 대단한 녀석이라 생각했다. 아직 일곱 살밖에 되지 않은 녀석의 기지가 이 정도라니….

사방에 널린 풀을 뜯어먹으며 평화롭게 사는 토끼처럼 자란 주변 친구들과 달리, 우리는 한 입이라도 더 먹기 위해 달려드는 하이에나처럼

유년기

사 남매 중 둘째로 자라서
먹을 때도, 놀 때도, 게임할 때도
인생을 걸고 하던 어린이 용달.

다소 거친 환경(?)에서 자랐다. 그로 인해 자연스럽게 경쟁을 배웠고, 승부욕도 강해졌다.

남들보다 강한 승부욕은 단순히 음식에서만 비롯된 것은 아니다. 당시 우리 집 거실 한가운데 놓인 단 한 대의 컴퓨터도 한몫했다. 여덟 살 무렵의 나는 '크레이지 아케이드'라는 컴퓨터 게임에 빠져 지냈다. 이 게임은 물풍선을 블록에 놓으면 일정 시간이 지나 터지면서 그 근방에 있는 적들을 죽이는 간단한 게임이다. 누나와 나, 그리고 남동생 모두 이 게임에 열을 올렸다. 2인 플레이가 가능해 가끔은 협동을 해서 다른 적들을 섬멸하기도 하였지만, 사실 누가 더 잘하나 경쟁의 장에 가까웠다. 그때 우리 사이에서는 누가 이 게임을 제일 잘하는지가 굉장히 중요했다. 나는 남매 중에서도 유독 제일 잘하고 싶어 해서 열심히 게임했고 또 분석했다. 그 결과, 또래 사이에서 제법 게임을 잘하는 편에 속하게 되었다. 비단 게임을 예로 들었지만 남들이 잘한다고 인정해줄 때, 나는 가슴속이 간질한 쾌감을 느꼈다. 그것은 성취감 비슷한 무언가였다.

▶ 아지트를 찾던 모험가, 초딩 용달

학원에 다니며 공부를 하던 다른 친구들과 다르게 초등학교 때부터 매우 자유롭게 지냈다. 학교가 끝나면 바로 집에 가지 않고, 운동장에서 축구, 경찰 놀이, 술래잡기 등을 하는 게 루틴이라면 루틴이었다. 재미있는 탐험도 여럿 했는데, 아파트 지하 1층에 곰이 산다는 소문의 진실을 파헤치겠다고 원정대를 꾸렸던 게 떠오른다. 어느 날, 문제의 아파트 앞에 모인 원정대 멤버들은 가위바위보로 순서를 정해 계단을 하

초딩기

학교 끝나고 신나게 노는 것이 일과였던 우리 사 남매를 위해
부모님은 공기 좋은 지역으로 이사하셨다.
산을 오르고 아파트 단지를 탐험하며
우리만의 아지트를 찾겠다고 다니던 시절이다.

나씩 내려갔다. 묘한 긴장감과 불안감, 그리고 짜릿함이 계단을 밟을 때마다 등줄기를 타고 올라왔다. 그리고 마침내 지하 입구에 도착했다. 문을 열까 말까 고민을 하고 있을 때, 한 녀석이 냅다 문을 열었고 이윽고 소리를 질러대며 계단 위로 뛰어 올라갔다. 무엇을 본지는 모르겠지만, 엄청나게 빠른 속도로 올라가는 그 녀석을 보면서 우리도 다 같이 소리를 지르며 뒤따랐다. 첫 탐험은 그렇게 시시하게 막을 내렸다.

하지만 우리의 탐험은 여기서 끝나지 않았다. 비록 아파트 지하는 곰에게 내주었지만 우리만의 아지트를 찾겠다며 뒷산으로 향했다. 그 당시 뒷산은 요즘처럼 잘 포장된 등산로가 있는 것도 아니었고, 짓다 만 폐허 아파트와 무너진 집들로 지금 생각해도 을씨년스러운 곳이었다. 철근과 콘크리트, 쓰레기더미가 쌓여 있는 아파트는 아무도 살지 않았는데, 항상 누군가 살고 있었다(심지어 20년이 지난 지금도 누군가 있다). 이곳을 방문하거나 지날 때마다 우리는 허공에 대고 오지 말라고 소리를 쳐대기도 하고, 어떤 날은 몰래 지나가려다가 개 짖는 소리에 놀라 다른 길로 빠지기도 했다. 그러다 우연히 한 작은 시골 마을을 발견했다. 워프 공간을 넘어 조선시대에 떨어진 것만 같은 착각이 드는 곳이었다. 교과서나 역사 책에서나 봤을 법한 오래된 소나무에, 집은 모두 기와집이었다. '바람의 나라'에 나오는 마을을 닮은 그곳에는 사슴 농장과 작은 연못이 존재했다. 연못 옆에 있던 낡은 그물로 미꾸라지를 잡으며 놀다가 우리는 그곳을 아지트로 삼았다. 지금 생각하면 그다지 매력적인 장소는 아니었는데 비밀의 장소를 발견했다는 생각에 들떴었던 게 생생하다.

나는 이렇게 모험심과 탐험심, 그리고 새로운 것에 대한 호기심이 강한 아이였다. 만약 어렸을 때부터 체계화된 여러 학원에 다녔다면, 스스로 탐구하며 알아내기보다는 주어진 학습자료만 반복해서 공부하는 다소 재미없는 학창시절이 되었을 것이다. 초등학생 때의 나는 공부를 열심히 하기보다는 매 순간 재미와 호기심을 찾아 하루하루를 보내는 학생이었다.

▶ 나를 변화시킨 말

중학생이 되었다. 초등학교라는 큰 울타리를 벗어나 중학생이 된다는 건 나에게 너무 무서운 일이었다. 우선 머리를 짧게 깎는 것부터 어른이 된 것 같았고, 목소리가 점점 낮게 변하는 친구들을 보며 어색하기도 했다. 거기다 배치고사를 봐야 한다니! 공부를 한 번도 제대로 한 적이 없었던 터라 시험장에 가는 발걸음이 천근만근이었다. 익숙했던 초등학교 건물이 아니라 새로운 건물에서 '더 어려운 것'을 배울 것이라는 부담은 철없던 내게도 낯선 것이었다.

중학교 1학년 때 내가 속했던 반은 소위 '일진'이라 불리는 학생이 없었다. 우리 반이 유일했다. 그래서 위계나 서열 같은 게 존재하지 않았고, 반 전체가 하나의 친구 같은 느낌이 드는 그런 분위기였다. 나는 반에서 '개그맨'과 비슷한 역할을 맡았다. 내 개그에 친구들이 웃어주는 게 좋아 시도때도 없이 친구들을 웃기려고 노력했다. 예를 들면 이런 식이었다. 한 명씩 차례대로 돌아가면서 자신의 꿈을 발표하는 시간에 다들 의사, 과학자, 금융인 등 다소 진지하게 장래희망을 이야기하는데, 나는 '포켓몬 마스터'가 되겠다고 얘기하는 식의. 1년간 사물

중딩기

웃기는 게 낙이었던 중딩 시절,
학교에서 장난을 치다가 선생님의 부름을 받은 적이 있다.
그때 선생님과 나누었던 대화는 내 인생을 바꿔놓았다.

함에 붙이는 장래희망에도 '해적왕'을 적어놨으니… 어떤 학생이었는지는 여러분의 상상에 맡기겠다. 선생님이 말씀을 하시는 와중에도 재미있는 드립이 생각나면 꼭 뱉는 눈치 없는 스타일이라 수업에 집중하는 친구들한테는 방해가 되기도 했을 것이다. 하지만 내 행동이 수업에 방해가 되든 말든, 혼나든 말든, 나에게는 중요하지 않았다. 웃길 수만 있다면.

하루는 집으로 한 학부모님의 전화가 걸려왔다. 엄마에게 내가 너무 시끄럽고 산만해서 수업에 방해가 된다고 주의를 준 모양이었다. 그 이야기를 전해 듣고 하루 이틀은 조심했지만 다시 원래의 산만한 나로 돌아갔다. 수업에 집중해 공부를 하기에는 늦었다고 생각했고, 수업 시간에 선생님이 무슨 말씀을 하는지도 도무지 이해가 되지 않은 탓이었다. 주어, 동사, 목적어, 보어 등이 무슨 뜻인지 모르는데, "주어 다음에는 동사…"라는 설명이 알 길이 있나. 집중을 한다고 이해가 되는 것도 아니었다. 수업은 점점 나에게 따분한 것이 되어갔다.

그러다 겨울에 문제가 터졌다. 종례 시간에 담임 선생님이 사전에 크리스마스 씰(결핵 퇴치 기금 모금을 위해 크리스마스마다 발행, 판매되는 봉인표)을 구매한 학생들에게 씰을 나눠 주고 있었는데, 구입하지 않은 내가 슬쩍 손을 든 것이다. 물론 진짜로 가질 생각은 아니었다. 장난을 치고 돌려줄 생각이었지만, 그 전에 개수가 맞지 않은 것을 안 담임 선생님의 얼굴이 시뻘게졌다. 원래 화를 잘 내지 않았던 선생님이라 더 무서웠다. 사실대로 말을 해야 할지 고민을 하는 와중에도 시간은 야속하게 흘러갔다. 몇 분의 시간이 흘러 내가 자수를 하자 선생님은 나지막이 끝나고 남으라고 했다.

하교 후 선생님은 나를 학교 실외 농구장 벤치에 불러 앉혔다. 아무도 없는 데다가 노을까지 지고 있어 혼나기에 딱 좋은 날이었다.

"용준아."

선생님은 차분한 목소리로 나를 불렀다. 혼을 내거나 화내는 목소리가 아니라 따뜻한 목소리였다.

"어머니께서 용준이가 어떻게 지내는지 자주 전화로 묻는데, 그때마다 뭐라고 얘기해야 할지 잘 모르겠다. 나는 용준이가 조금 더 차분하고 성숙한 학생이 되었으면 좋겠다."

그렇게 대화는 20분간 이어졌다. 내가 어떤 상황이고 왜 산만한지, 어떤 생각을 하면서 사는지, 왜 공부가 재미없는지 등 진심으로 들어주었다. 초등학교 때부터 중학교 1학년 때까지 항상 장난치고 혼나는 게 일상이었다. 하지만 내 얘기에 진심으로 귀 기울여준 선생님은 없었다. 그 모습에서 내가 변했으면 좋겠다는 마음이 느껴졌다. 그때 결심했다. 선생님에게 나의 변화된 모습을 보여주기로. 더 이상 산만한 학생이 아니라 공부 잘하는 모범생이 되기로. 나를 위해서가 아니라 선생님에게 인정받고 싶은 마음이 컸지만, 의도가 어떻든 상관없는 것 아닌가.

▶ 스스로 한계를 짓지 말자는 결심

중학교 2학년이 되었다. 처음으로 마음을 열었던 담임 선생님과 멀어져서 슬펐지만 공부를 잘해서 입소문이 난다면, 계획에 차질이 생기는 건 아니었다. 간만에 연필을 잡았을 때 느껴지던 그 어색함이 지금도 생생하다. 기초 지식이 부족해서 영어, 국어, 수학 같은 주요 과목 대

중딩기

내가 갑자기 공부를 하자 친구들과 부모님이
놀란 반응을 보였는데, 그게 재미있어서 계속 공부를 했다.
나, 좀 희한한가?

신 가장 만만했던 도덕을 골랐다. 책을 한 장 한 장 넘기며, 그날 처음으로 무려 한 시간이나 책상 앞에 앉아 공부라는 것을 했다. 시험 기간을 제외하고는 14년 인생 처음으로 집에서 한 공부였다. 다음 날, 학교 친구들에게 어제 집에서 공부를 했다는 사실을 알리자 다들 믿지 않는 눈치였다.

"네가?"

그런 반응들이 흥미로웠다. 진짜 공부를 했다는데 믿지 않는 모습이라니. '네가 어제 공부를 했으면 우리 아빠는 대통령이다' 이런 농담이 돌아오기도 했다. 대체 나란 인간, 어떻게 살아왔길래 친구들이 이런 반응을 보인 걸까. 한편으로는 공부를 했다는 것만으로도 이렇게 놀라는데, 높은 성적을 받으면 더 놀라겠구나 싶기도 했다. 급기야 내가 쉬는 시간에도 공부를 하고, 수업 시간에 질문까지 하자 친구들은 내가 미친 것이라고 했다. 그렇게 매일 하교 후에 집에서 한 시간에서 한 시간 30분씩은 꼭 공부를 했다. 중간고사에서 높은 성적을 받게 된다면, 주변 친구들과 선생님, 그리고 부모님의 반응이 어떨지 궁금했다.

그러던 어느 날 같은 반 1등이자, 전교 3등인 친구와 가까이 앉게 되었다. 이 친구는 어떻게 공부하는지, 시간을 어떻게 쓰는지 궁금했다. 대체 어느 정도 공부를 하길래 전교 3등을 하는 것일까. 그 친구의 대답은 다소 충격적이었다. 하교 후 세 시간에서 네 시간 정도 공부를 한다고 얘기했는데, 한 시간 남짓 공부를 하고도 뿌듯함을 느꼈던 나에게는 크나큰 충격이었다. '사람이 어떻게 세 시간 넘게 공부를 하지? 그게 가능한 일인가?' 궁금증에 나도 한번 해보기로 했다. 시계를 보니 7시였다. 11시까지 공부를 해보자. 굉장히 고되고 낯선 네 시간이었지만 시간은 흘러갔다. 네 시간 내내 집중을 하진 못했지만, 마음을 먹고 해낸 것에 큰 보람을 느꼈다. 무엇보다 공부가 재미있었다. 성취감을 한 번 느껴보니 뭐든 할 수 있을 것 같았다. 그래서 결심을 하나 더 하게 된다. 바로 이 학교에서 공부를 가장 많이 하는 학생이 되겠다는 결심. 이 결심이 내 인생을 180도 바꿔놓았다.

매일같이 '서든어택', '스타크래프트'를 같이 했던 친구들과 자연스럽게 멀어졌다. 처음에는 여러 번 연락해 놀자고 꼬셨지만, 내가 넘어가지 않자 더 이상 묻지 않게 되었다. 공부하는 나의 모습을 신기하게 바라보던 친구들도 점차 줄어갔다. "저러다가 말겠지"라는 소리가 듣기 싫어서 학교에 걸어갈 때도 영어 단어장을 들었고, 버스 안에서도 책을 놓지 않았다. 급식실에서 줄을 서서 기다릴 때도, 학교 체육대회 때도 공부를 했다. 어떻게든 단어 하나라도 더 외우려고 애썼다. 별거 아닌 것 같아도 매일 하다 보니, 생각보다 효과가 좋았다. 더군다나 공부가 습관으로 자리 잡는 것 같았다.

하지만 공부 자체에 회의감이 들기도 했다. 당시 단짝 친구가 전교 2등이었는데, 하다 못해 게임마저 잘했다. '메이플스토리' 대규모 빅뱅 패치전, 레벨이 '120'이 넘어 4차 전직까지 했고, '바람의 나라'도 레벨이 '99'였다. '스타크래프트', '워크래프트', '미니파이터' 등도 나는 항상 이 친구를 이기지 못했다. 이 친구는 선천적으로 타고난 소위 '천재'라고 불리는 그런 과였다. 오전에 같이 도서관에 가면, 그 친구는 바로 피시방부터 갔다. 내가 일곱 시간 정도 끙끙 앓으며 공부를 하고 나면, 그제야 돌아와 30분에서 한 시간가량 집중해서 공부를 하고는 귀가했다. 심지어는 내가 그날 한 공부량과 비슷했다. 게다가 몰라서 물어보면

고딩기

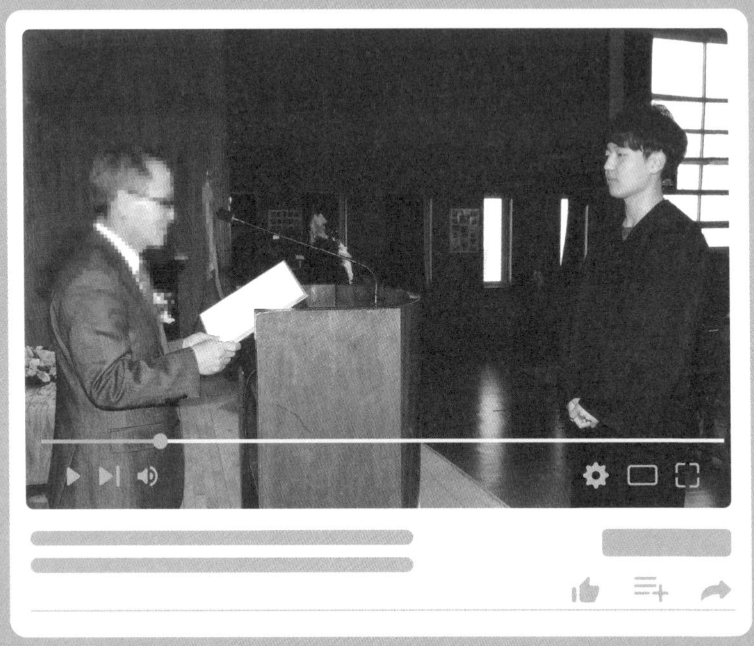

누가 알았을까.
하위권이었던 정용준이 고등학교를
전교 1등으로 졸업하리라는 사실을.

가르쳐주기까지 했다. 당시의 나는 선천적으로 똑똑한 사람이 있다는 사실 자체를 부정했다. 그걸 인정하는 순간 나의 노력이 모두 물거품처럼 느껴졌기 때문이다. 나의 공부법에 문제가 있는지, 집중력에 문제가 있는지, 문제집에 문제가 있는지, 아니면 그냥 내가 바보인 건지 정말 많은 생각이 들었다.

공부의 왕도에서 '노력은 배신하지 않는다'고 말했던 멘토들도 사실은 머리가 좋은 게 아닐까 하는 생각이 들기도 했다. 단순히 이 친구만이 아니었다. 수업 시간에 내가 질문을 할 때마다 몇몇 친구들은 한숨을 쉬곤 했다. 나만 이해하지 못하는 걸까. 돌이켜 생각해보면 기초가 부족해 남들보다 오래 걸리고 힘든 건 당연한 일이었는데, 나에게 문제가 있는 것만 같아서 주눅 들고 괴로웠다. 그래서 노력한 만큼 결과가 나오지 않으면 스스로를 원망했다. 할 수 있는 게 노력밖에 없는데, 그걸 부정당하는 순간 삶의 모든 의지가 사라졌다. 그럼에도 불구하고 공부 말고는 할 수 있는 게 없어서 (너무나도 단순한 이유) 그저 연필을 계속 잡았다.

그해 나는 전교 3등을 하게 되었다. 전교 2등이었던 단짝 친구는 전교 5등, 전교 3등이었던 같은 반 친구는 전교 2등. 전교 3등이라는 숫자는 노력은 배신하지 않는다는 증거이자, 마음을 먹으면 무엇이든 해낼 수 있다는 확신을 주었다. 나는 뛰어난 학생은 아니었지만 이 학교에서 공부를 제일 많이 하는 학생임은 분명했다. 그만큼 나는 노력했다. 그리고 전교 1등으로 고등학교를 졸업해 포항공대 컴퓨터공학과에 입학했다.

이 이야기를 이 책의 앞에 넣은 이유는 앞서 말한 거창한 이유도 있지만 한편으로는 우리가 학창시절을 쉽게 통과한 게 아니라는 말을 하고 싶어서기도 했다. 노력한 만큼 성적이 오르지 않았을 때, 절망적이었다. 뭐가 문제인지 고민을 해봐도 도무지 알 수가 없었다. 공부 방법이 잘못됐을까? 내 머리가 안 좋은가? 책이 문제인가? 인강을 들어야 하나? 학원을 다녀야 하나? 아침 일찍 일어나야 하나? 잠을 줄여야 하나? 선생님이 이상한 것 같은데 수업을 계속 들어야 하나? 그런 고민을 통과하면서 나는 스스로 한계 짓지 말자고 자신을 다독이고 격려했다. 무엇을 하든, 어떻게 하든, 마음만 먹으면 다 해낼 수 있다는 것을 그때 조금 배운 것 같다.

나는 이 길을 지나오면서 시행착오와 시도를 거듭하며 내가 진짜 원하는 삶에 조금 가까워졌다. 여러분 스스로에게도 있는 그 힘이, 힘을 주지 않아도 단전에서 나왔으면 하는 바람에 길게 꼰대짓을 했다. 그럼 꼰대짓은 여기까지.

이제는 과학을 즐길 차례입니다.

용달기

2018년 9월, 과학을 음악처럼 즐길 수 있는 문화를 만들고자
'공돌이 용달' 유튜브 채널을 시작해
지금까지 재밌게 과학하고 있다.

차례

3장 눈에 보이지 않는 것에 대한 탐구

4장 직접 발로 뛰며 하는 탐구

1장

살아 있는 것에 대한 탐구

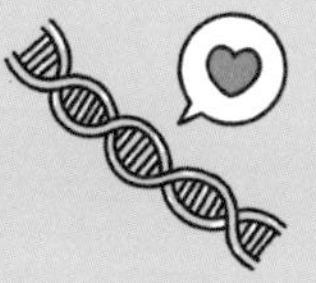

오징어 연구로 노벨상을 탄 과학자가 있다?

간만에 친구들과 오징어 횟집을 찾은 용달.

용달아, 잘 먹을게!
어허, 잠깐!
탁!
아, 왜? 너 설마…
오늘은 그냥 넘어갈 줄 알았는데…. 서, 설명충이다.
파바밧
재밌는 게 생각났어!
이과
새, 생각하지 마, 제발. 생각은 내가 할게.

그럼 이제 부활을 시작해볼까.

네가 무슨 네크로맨서냐!

미치려면 적당히 미쳐라.

갓 잡은 오징어에 간장을 부으면…

간장

콸
콸

우오오오오오오!!!
파닥
파닥!
역시 예상한 대로였어!
대박! 야, 이거 왜 이러는 거야?
찰칵
찰칵
용달친구 빡빡
오징어 죽었다 다시 살아남 ㅋㅋㅋㅋ
#대박사건 #실화냐

1963년, 대왕오징어 실험으로
노벨 생리의학상을 탄 과학자들이 있었지.

세 명의 과학자들은 축삭돌기가 일반 포유류보다
무려 백 배 이상 발달한 대왕오징어에 전류를 흘려보내는 실험으로,

신경세포를 통해 자극이 전달되는 과정을 밝혀냈지.

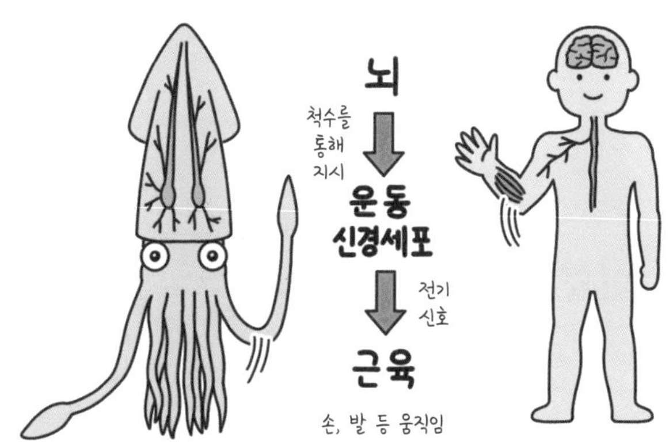

그 비밀은 바로 뉴런의 세포막 안팎에 존재하는
나트륨(Na)과 칼륨(K) 이온의 전위차에 있었어.

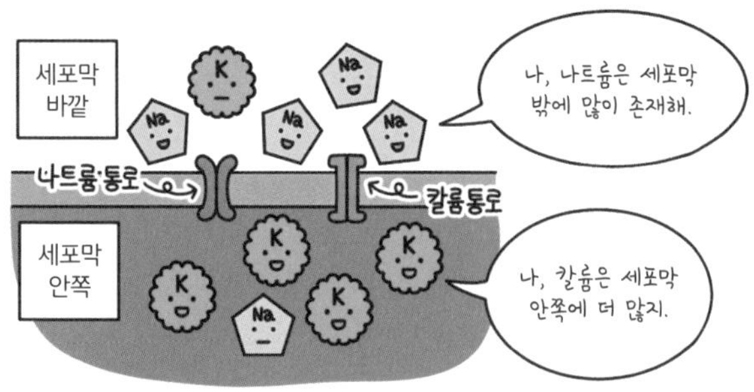

자극이 없을 때 나트륨과 칼륨은 -50~-80mV의 전위차를
유지하고 있는데, 이때를 휴지전위라고 해.

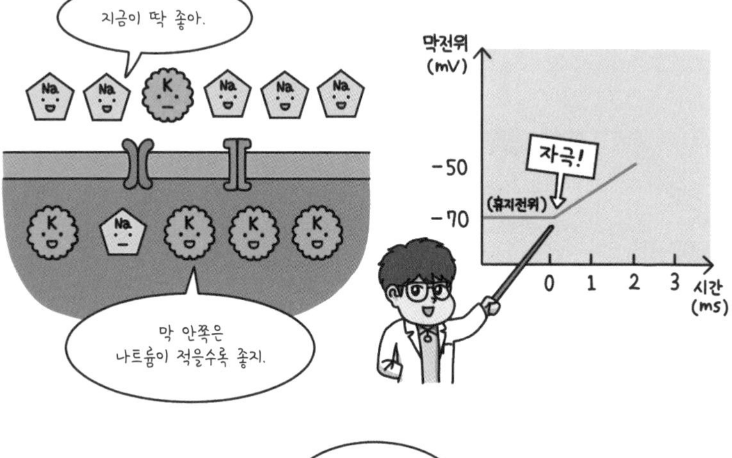

지금이 딱 좋아.
막 안쪽은 나트륨이 적을수록 좋지.
막전위 (mV)
-50
-70
(휴지전위)
자극!
0 1 2 3
시간 (ms)

그러다 자극이 생기면….
아야!
배고프다고~

나트륨 통로가 열리면서 세포막 바깥의 나트륨 이온이 안쪽으로 유입이 되는데, 이로 인해 내부의 양전하가 급격히 상승하는 전위의 변화가 일어나.

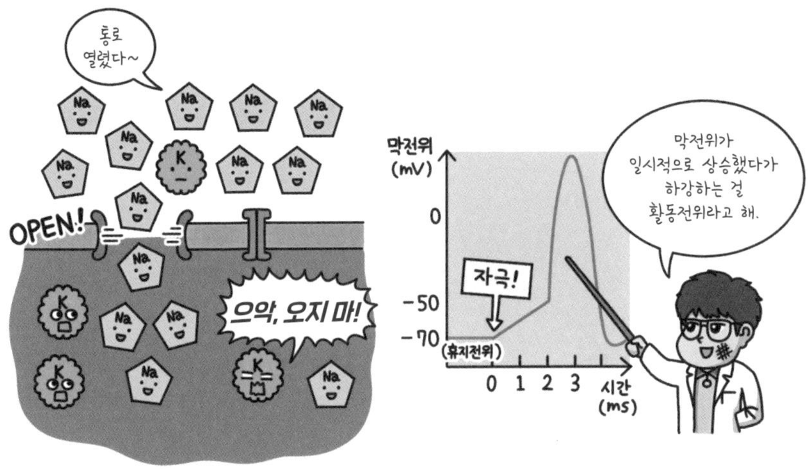

활동전위는 축삭을 따라 이동하여 전기적인 흥분성을 신경세포의 세포체로부터 축삭의 말단에 전달하지.

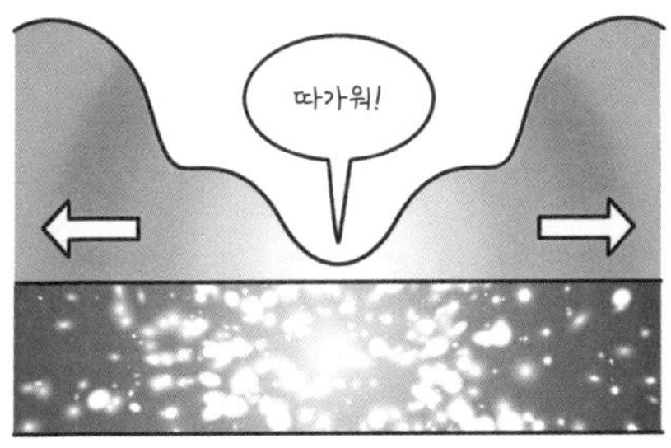

간장을 부은 이유는,
간장의 주요 성분인 나트륨 때문이야.
이 나트륨이 빨판에 흡수되면서 이온의 이동이
일어나 근육 수축이 일어난 거야.

만약 간장이 아니라 물을 부었다면 나트륨 통로가
열리지 않아 지금과 같은 반응은 얻지 못했을 거야.
물에는 나트륨이 거의 없거든.

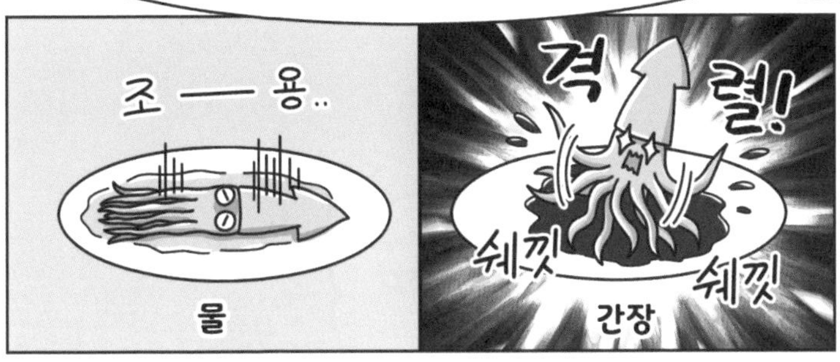

그러니까
한마디로 이 오징어가
신경 세포막 중심부와 주변부에서
흥분과 억제를 일으키는
이온 메커니즘을
밝힌 거지.

오~
그렇구나!

참, 국소 마취제의
원리도 함께 알면
재밌는데…

마취제가
이 막에 끼어들어
나트륨 통로를 압박해
열리지 못하도록
하는 거야.

주절
주절
TMI모드ON

그리고
보톡스도…

그만,
그만해!!!

물도 방수가 될까?

오늘은 오렌지 주스를 내뿜는 인간 분수대를 만들어보려고 해요.
먼저 물이 조형물에 흡수되지 않도록 방수액을 뿌려주세요.
꿀렁
오~

물로부터 보호하려면 당연히 방수액을 뿌려야지.
쟤 또 왜 저래.
물
방수
바닥

그런데 만약 물 위에 방수액을 뿌리면…
물
방수
물
그것도 방수가 될까?

물에 방수액을 뿌리면
물도 방수가 되는지 알아보자.
그건 마치 물 위를 걷겠다는
말같이 들리는데?
첨벙!

방수 스프레이를 뿌릴 때는
먼저 베이스코트를 뿌려주고,
30분 뒤에 탑코트를 뿌려주래.
방수
Base Coat
방수
Top Coat
그 정도면 쉽네.
내가 해줄까?

잠깐, 방수 스프레이는 불소공중합체, 즉 나노 입자로 구성되어 있어.
그 입자들이 호흡기를 통해 폐와 폐포까지 도달하면
폐가 크게 상할 수 있으니까 꼭 공업용 마스크를 써야 해.

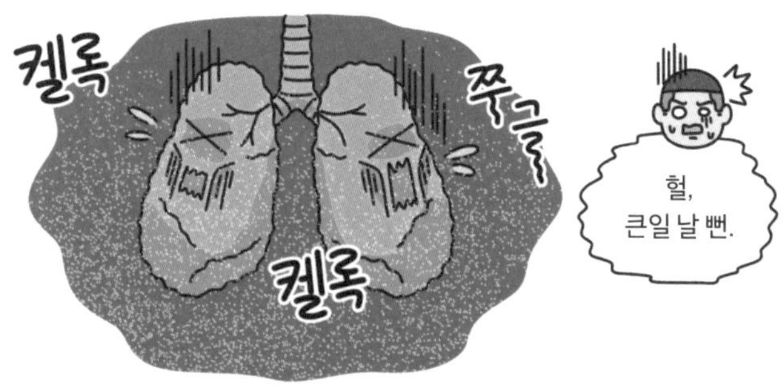

STEP 1 물 표면에 베이스코트(기본 1차 코팅)를 뿌려준다.

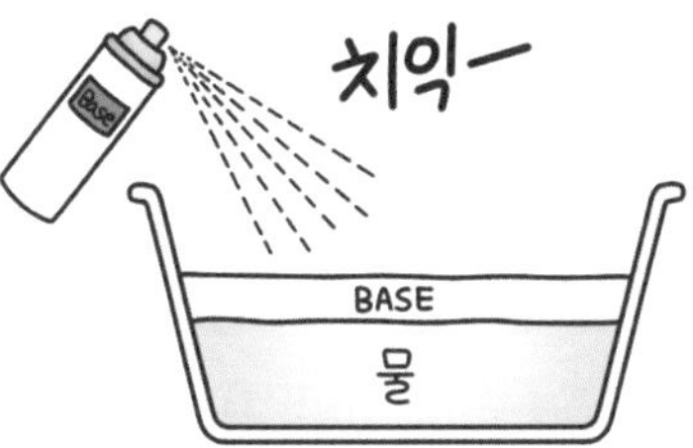

STEP 2 30분 후에 탑코트(위쪽 코팅)를 그 위에 뿌려준다.

STEP 3 코팅이 마를 때까지 열두 시간을 기다린다.

드디어 열두 시간이 지났다.
실험 결과 확인하러 가야지~
짜잔~!
위이잉~
흐음, 눈으로 봤을 때는
별 변화를 모르겠는데?
물감을 한두 방울
떨어뜨려볼까?
퐁당

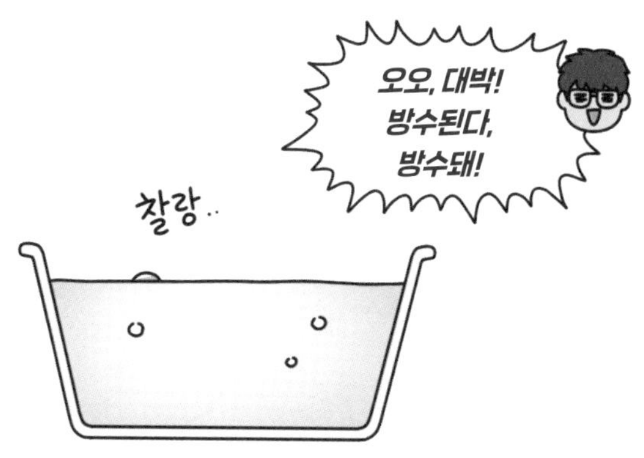

야, 그냥 다
부어봐.

콸콸

좋았어!

막에 구멍이 생겨서 번지네.

방수는 개뿔~

그런데 말이야,
이걸 왜 하는 거야?
턱

야, 이건 우리
생명과 관련된 중대한
실험이야!
누구의 생명?

방수 코팅에서 우리 몸을
이루고 있는 인지질을
배울 수 있다는 말씀!
좋은 말로 할 때
그림체 바꿔라.

그래서 인지질은 꼬리가 물에 노출되지 않도록 소수성 꼬리가 맞닿아 있는 구조를 형성했어.

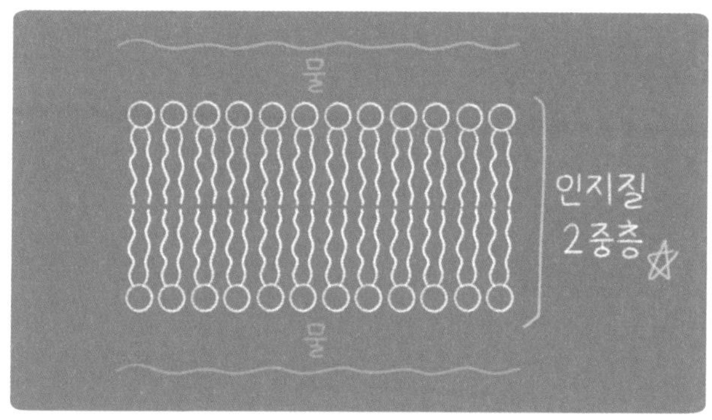

덕분에 사람의 몸에서 수용성 물질을 안전하게 운반하는 역할을 해.

만약 인지질이 이중 구조로 이루어지지 않았다면 우리 몸에 필요한 물질이
온몸에 전달되지 않고 어딘가에서 다 녹아 없어져버렸을걸.

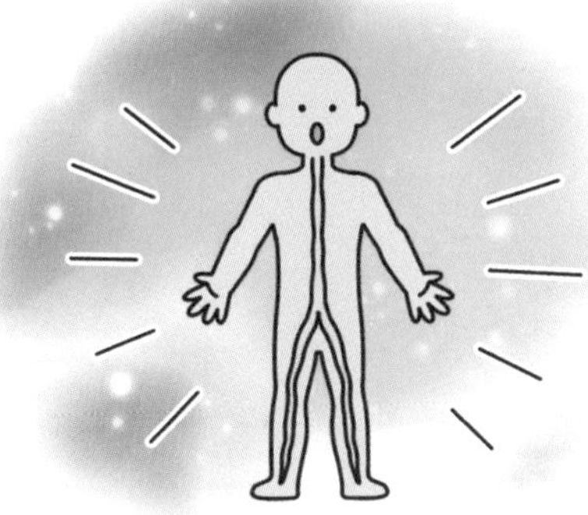

물에 방수액을 뿌려 물과 물 사이에 막을 만든 거랑
인지질 이중층 구조랑 닮지 않았어?

개미는 더 빠른 길로 이동한다?

한가로운 어느 날
야, 용달
이리 와봐!
아, 왜….
Geekble

이 과자, 네 짓이지?
개미들이 바글거리잖아!
음, 스멜~
여기가
맛집이네!
용달칩
과학맛
오예~ 성공!

뭐가 성공이라는 거야?
개미굴에 묻히고 싶냐?
워워~ 내가 괜히
어지른 게 아니야,
친구~

개미는 의사소통을 할 때 페로몬이라는 화학물질을 이용해.
먹이를 발견한 개미가 페로몬을 뿌리며 이동하면 다른 개미들이 그 냄새를 따라 길을 찾는데, 이 냄새로 음식과 집 사이를 오가는 가장 짧은 길을 찾아낼 수 있대.

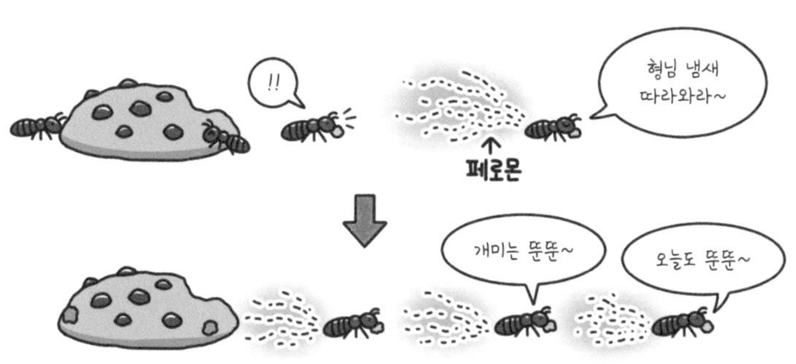

처음부터 최단 거리를 찾는 건 아니야. 휘발성이 있는 페로몬의 특성상 멀리 떨어진 경로의 페로몬은 금세 약해져서 비교적 짙게 남아 있는 짧은 경로를 택하게 되는 거지.

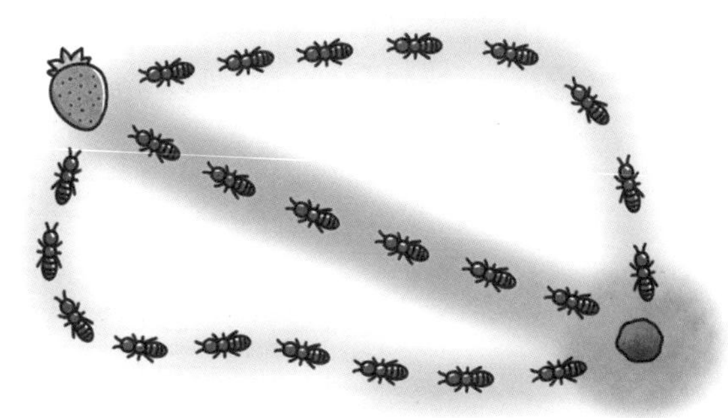

이를 토대로 만든 알고리즘이 바로 'ACO(Ant Colony Optimization)'야.
여러 곳에 퍼져 있는 도착지에 택배를 보내야 할 때 최적의 길을 찾는 알고리즘이지.

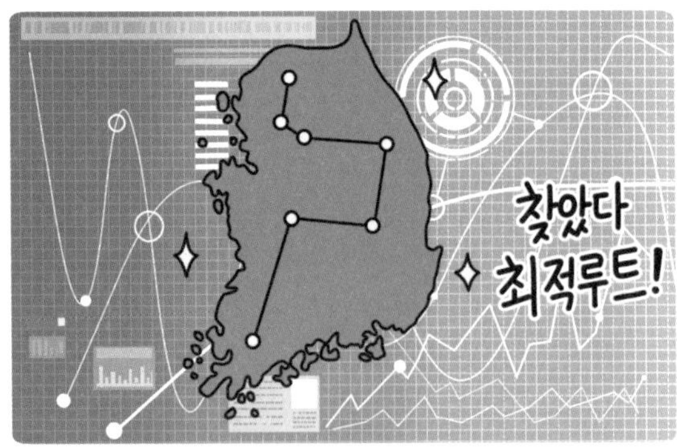

그렇다면 개미는 정말 알려진 대로 빠른 길을 잘 찾아낼 수 있을까?
그리고 얼마나 정확하고 정교할까? 10cm와 8cm 길이 있다면 8cm의 길을 택할까?

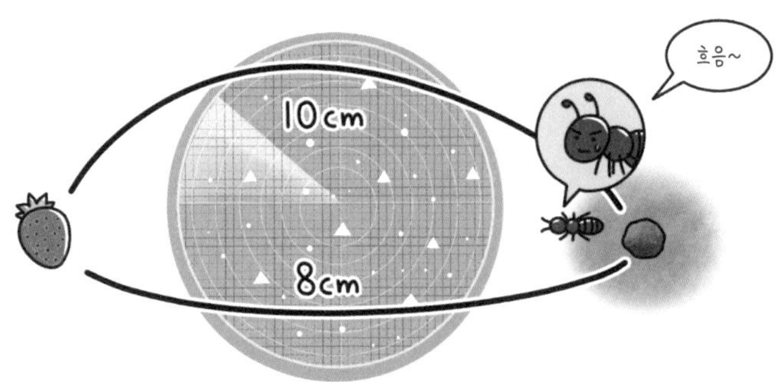

그래서 두 가지 모형을 만들었어! 한쪽은 짧은 길, 한쪽은 보다 긴 길.
이제 먹이를 올려두고 개미들이 어느 쪽 길을 더 많이 이용하는지 실험해보자.

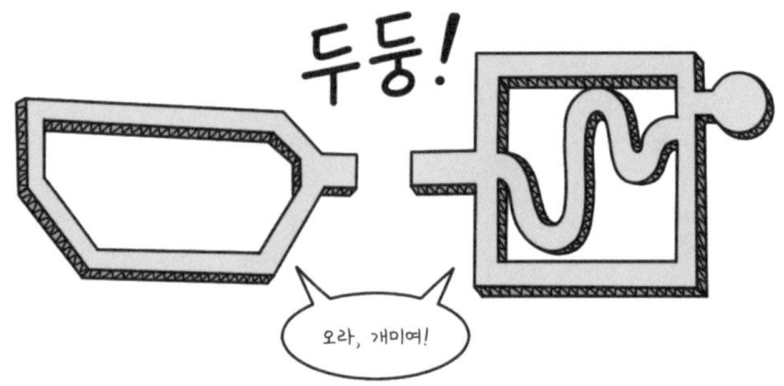

자, 딸기를 향해 달려!!
새로운 길인가?
여기저기에서 도로가 나는군.
개미가 딸기에 관심이 없는 것 같은데….
존심 상해.
여긴 어디···
나는 누구···.
한가하게 네 실험을 도와줄 시간이 없거든.
이번 실험은 실패다. 실험을 보완해야겠어.
모형을 단순하게 만들고 더 배고픈 개미를 찾아보자!

그래서 시골 동네를 찾은 용달.

두 번째 시도도 실패로 그치고 낙담하고 있을 때,
곤충 전문 유튜버 정브로에게 연락이 왔다.

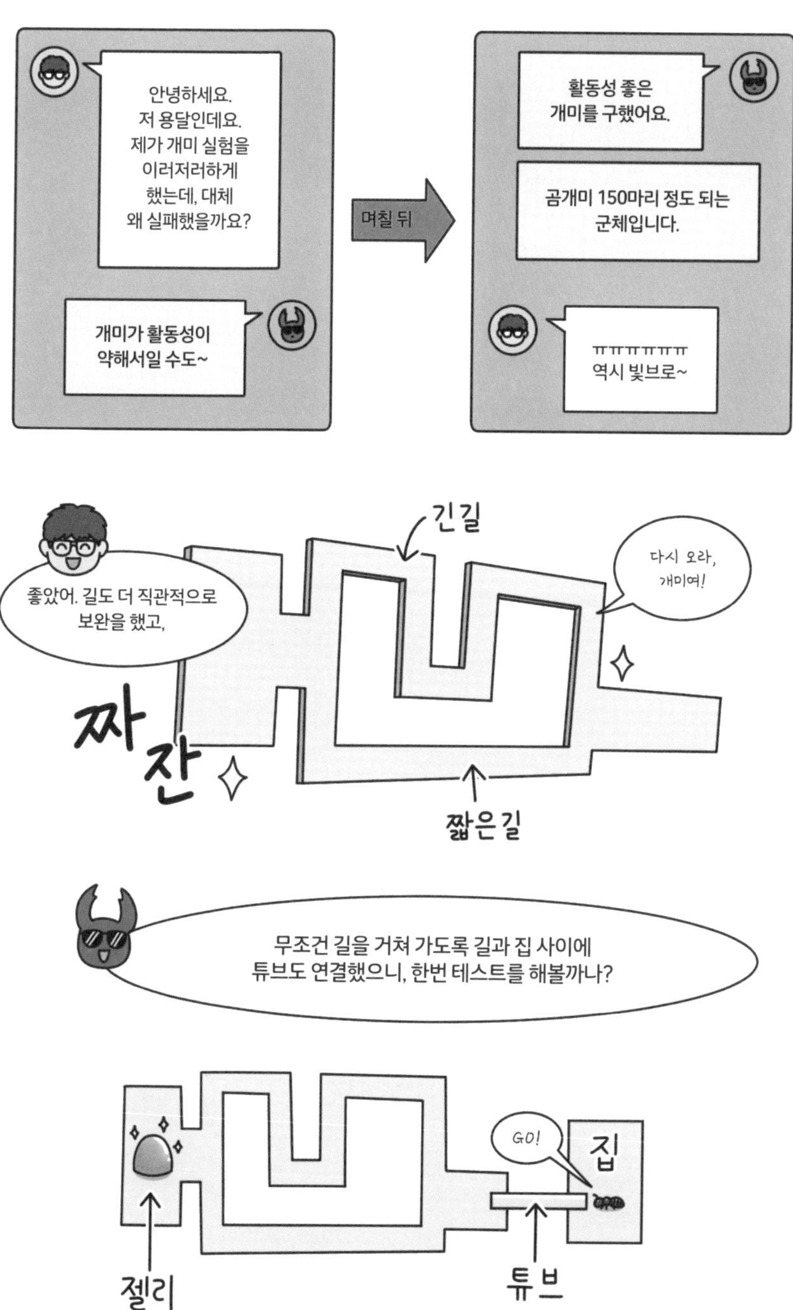

오, 먼저
도착한 개미가
젤리를 잔뜩 먹고
배가 빵빵해졌어!
냠냠,
맛있쩡!
빵
빵
그냥 개미
배고파···
홀쭉~
확실히 아무것도
안 먹은 개미랑
움직임이 다르죠?
근데 왜 저기서
계속 먹고 있는 걸까요?
그만 먹고 집에 좀 가라~
선발대 애들이 돌아가서
길을 알려줘야 하는데….
개달콤~
♥♥♥
먹이를 먹은 개미를
잡아다 다시 집에
데려다놓아 볼까요?
집에 안 갈겨~
어디 갔다 왔음?
내 입술에 묻은
젤리맛 좀 봐.
다른 개미들과 입을 맞추며
먹이를 공유하나 봐요.

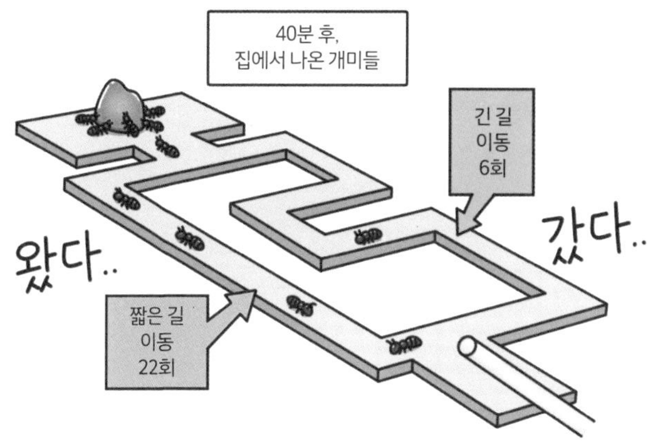

먹이가 있는 곳에 몰려든 개미들은 과연 짧은 경로를 선택해 집으로 돌아갈까?

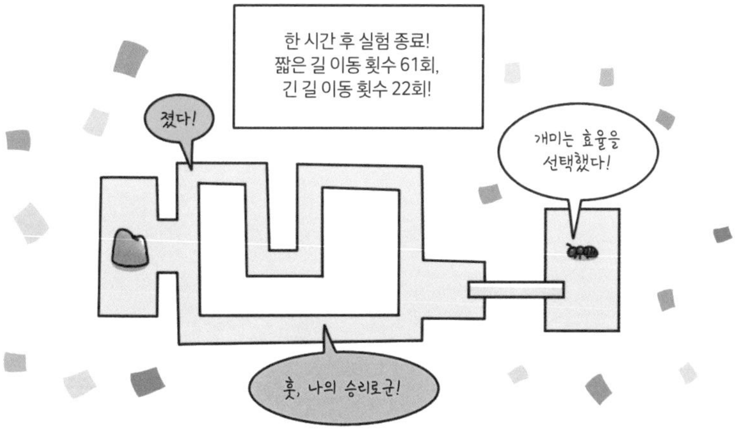

실험 결과 분석 시간

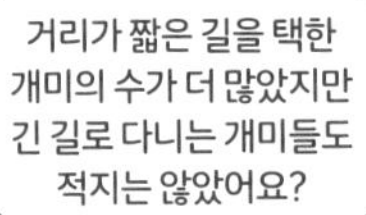

거리가 짧은 길을 택한 개미의 수가 더 많았지만 긴 길로 다니는 개미들도 적지는 않았어요?
아마 배가 불러서 거리가 짧은 길로 먹이를 찾아갈 필요성을 못 느꼈을 거예요.

개미들은 배가 부르면 활동 영역을 넓히거든요.

인간이랑 비슷하네요~

슬슬 먹는 것도 지치는데요, 여왕님?

그럼 움직여야지.

오늘의 결론, 굉장히 작은 세계 같아 보이지만
개미도 사람과 비슷한 원리로 계산하고 행동한다!
어쩌면 우리보다 더 똑똑할지도? 아니, 나보다….

딸기 DNA의 맛은?

팬을 위해 이벤트 영상을 라이브로 송출하기로 한 용달.

야, 어떡해!
다 구독 취소한대!
지금 분위기 엄청 험해!
김실장 : 그동안 즐거웠다.
뻘짓연구원 : 이건 팬 서비스가 아니라 고문임.
걍인간 : 과학 채널인데 초심 잃었네.
눈떠보니지옥 : 저도 구취합니다.

어떻게
만회하지….
구독 취소만큼은
안 돼~

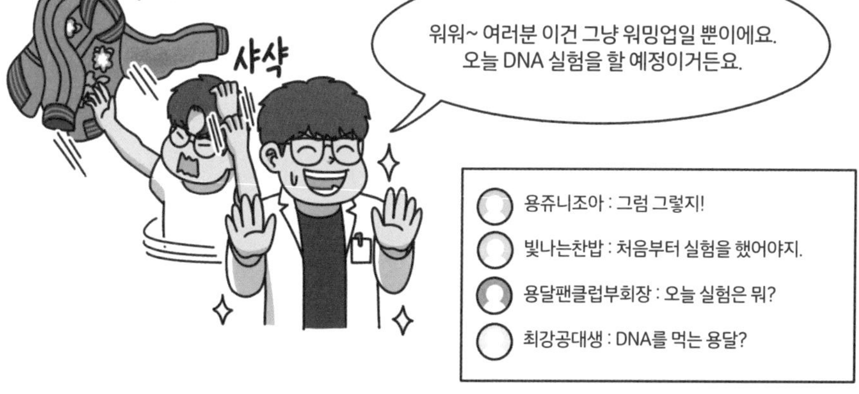
휘릭
샤샥
워워~ 여러분 이건 그냥 워밍업일 뿐이에요.
오늘 DNA 실험을 할 예정이거든요.
용쥬니조아 : 그럼 그렇지!
빛나는찬밥 : 처음부터 실험을 했어야지.
용달팬클럽부회장 : 오늘 실험은 뭐?
최강공대생 : DNA를 먹는 용달?

제가 오늘
DNA를 추출해서
그 맛까지
확인시켜드릴게요!!

DNA 추출은 고등과학에서
다루는 내용입죠. 그때와 다른 점은
바로 DNA의 '맛'을 본다는 거!
관상은과학 : 그럼, 그럼. 그럴 줄 알았다고!
팩트폭격기 : 과연 DNA의 맛은???
인간하리보 : 저 고딩 때 DNA 추출 실험해봤어요!!
실험실깍두기 : 저도 고등학교 다녔는데··· 왜 처음 듣죠.

준비물 :
딸기, 새우,
주방용 세제,
소금,
차가운 에탄올
주변에서
쉽게 구할 수 있는
재료들이죠?
소금
에탄올
세제

STEP 1 딸기와 새우를 각각 지퍼백에 넣고 으깨준다.

이 과정에서 식물 세포의
맨 바깥쪽에 있는
세포벽이 파괴될 거야!
주물
주물
으악!
이제 세포막과 핵막이 남았어.
너, 혹시 물 위에 방수 스프레이 뿌렸던
실험 기억나?
핵
세포막
핵막
미토콘드리아
세포질
동물세포
기억력은 좋거든!

세포막은 머리 부분은 물을 좋아하고 꼬리 부분은
물을 싫어하는 성질을 가진 인지질 이중층 구조로 이루어져 있어.

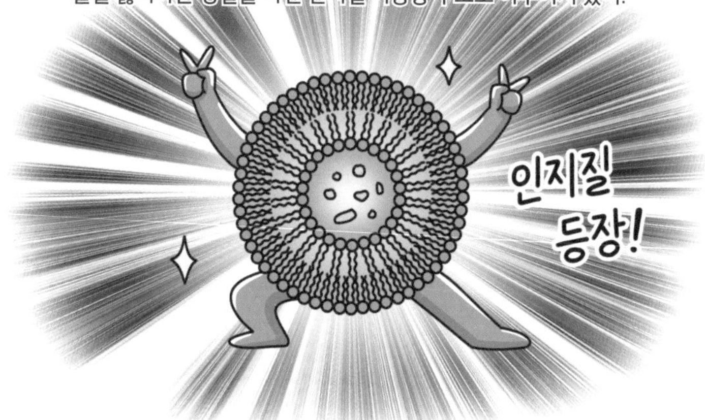

세제에 들어 있는 계면 활성제는 인지질과 동일한 성질을 가지고 있어서,

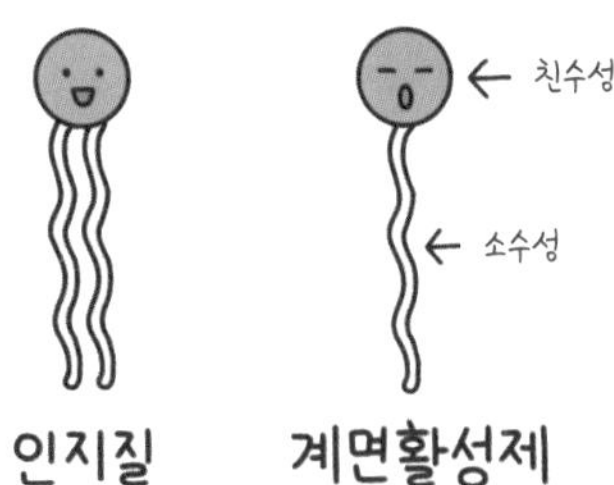

이 둘이 만나면 결합하면서 인지질의 구조층이 분해되어
세포막을 비롯해 핵막까지도 녹아졌을 거야.

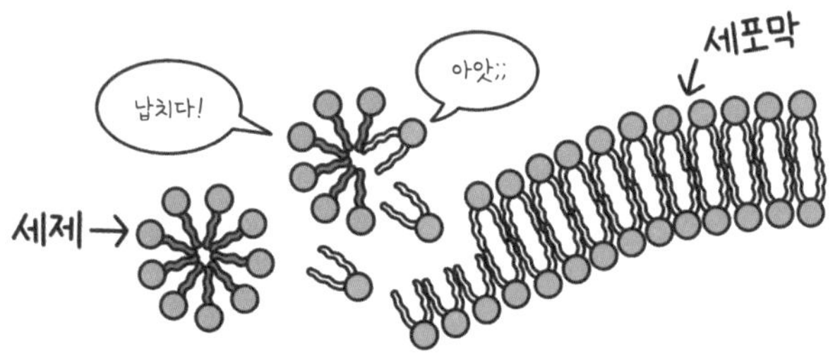

STEP 2 각각의 비커에 물 90mL와 세제 10mL, 소금 반 스푼을 넣고 섞어준다.

소금을
넣는 이유도
설명해줄게.
세제
H2O
×2

소금을 이루는 나트륨은 (+)전하를 띄고, DNA는 (-)전하를 띄어서 서로 만나려는 성질 덕분에 나트륨을 이용하면 DNA만 히스톤 단백질로부터 떨어져 나오게 되고, 뭉칠 수 있게 도와줘.

STEP 3 여기에 으깬 새우와 딸기를 넣고 섞어준다.

그리고 채와 커피 거름망을 이용해 걸러주면 돼.

새우 주스와 딸기 주스 완성!

한잔하시겠어요?

마지막으로
DNA를 볼 수 있게
차가운 99퍼센트 에탄올을
조심히 부어줘야 해.

에탄올은
왜 넣는 거야?

DNA와 결합되어 있던 나트륨 이온이 빠져나오면서 DNA를 응축시켜주거든.
차가운 에탄올을 쓰는 이유는 DNA의 손상을 최소화하기 위해서야.

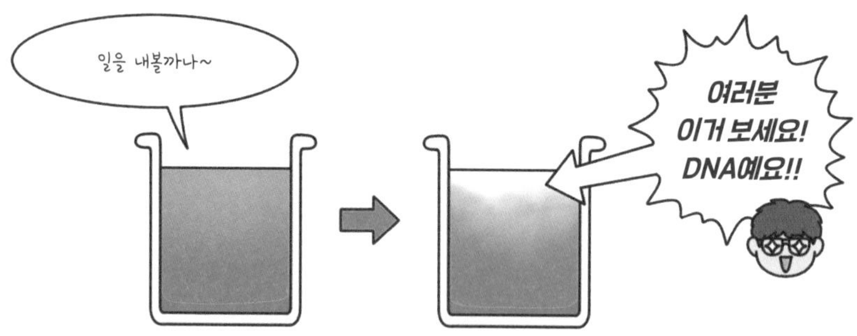

일을 내볼까나~
여러분
이거 보세요!
DNA예요!!

새우는 아쉽게도 DNA 추출에 실패했고요.

딸기만 한번 맛을 보도록 하겠습니다.

아~

이, 이 맛은?!?!

으악, 쓰고
이상해!
오물오물
우웩!

여러분 세제랑
에탄올 때문에 맛이
구립니다~
다시 음미해봐.

켁켁, 여러분
오늘 라이브는
여기까지입니다.
라이브가 종료되었습니다.
그렇게 궁금하면
네가 먹어보든가!
내가 과학 유튜버냐!
네가 유튜버지~

다시 해볼까?
나, 잔다.

2장

변화에 대한 탐구

나트륨이 이것과 만나면 폭발이 일어난다?

부아아앙—
투타타타
거기 서라!
싫다!
이 영화
재밌는데.
ㅇㅇ

와장창!!
오오, 수중 폭발 신 대박!
저거 컴퓨터 그래픽스인가?

훗, 저거 완전 간단해! 나트륨이잖아.
이 형아가 보여줄까?
공대 부심
또, 또
허세 부린다….

나트륨은 소금 아냐?
물에 들어가면 녹는 게 소금인데 그걸로 무슨 수로
폭발 신을 찍냐? 나를 바보로 아나.
NaCl
염화나트륨
감자칩
어, 너
바보 맞아.

다른 원소와 결합하지 않은
순수한 나트륨은 엄연한 금속이야.
금속 나트륨은 반응성이 매우
높아서 공기 중에 노출되면 산화되어
뿌옇게 흐려지고, 물에 닿으면
격렬하게 열을 내며 반응하지.
Na
원자 번호 11번
실온 상태 : 고체

그래서 반드시 안전이
확보된 기관이나 연구소에서만
실험을 할 수 있어.
궁금해서 따라가긴 한다만~
나 다치면 큰일 나는 거 알지?
이래봬도 귀한 자식이야~
Geekble

다 왔어!
위험물품
주의
상자
BOX

스윽-
빨간 글씨, 뭔가
불길한데….
Sodium metal in keros
주의
주의
금속 나트륨
위험 등급 : 1등급
위험하니깐 절대 함부로 사용해선 안 돼.

안전이 제일 중요하니까, 입어!
이걸 보니까
더 불길한데….
휙
휙
안면보호대
방호복
보안경
장갑

이 정도면 다 준비된 것 같군!
덜덜..
주의 주의
그럼 뚜껑을 열어볼까나~
야, 진짜 안전한 거 맞지!
그런 거지?
주의 주의
흐음, 생각보다 아무 일 없는데.
은같이 생겼다.

그런데 나트륨과 물이 만나면 왜 위험한 거야?

다른 물질과 결합되어 있는 합성 나트륨은 괜찮아.
문제는 아까도 말했지만 순수한 나트륨이지.

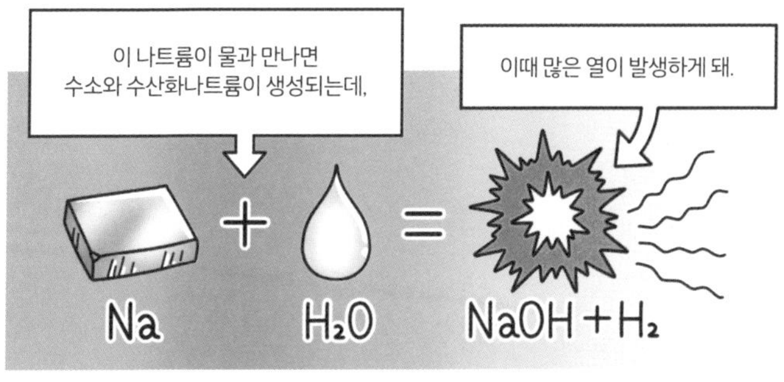
이 나트륨이 물과 만나면
수소와 수산화나트륨이 생성되는데,
이때 많은 열이 발생하게 돼.
Na + H₂O = NaOH + H₂

괜히 쫄았네. 그럼 물에만
안 닿으면 안전한 거네.
공기 중의
수분이나
네 침방울로도
폭발할 수 있음.

끄아악!
새끼야, 그걸
왜 지금 말해!
ㅋ
멀쩡~

그럼 크기를
3단계로 나눠서
실험해보자.
1단계
2단계
3단계

금속인데 엄청 잘 잘리네.
응, 나트륨은
물보다 밀도가
낮은 금속이거든.

그럼 1단계부터 넣는다!
안절
부절
불안한데….
112에 전화해?
말아?

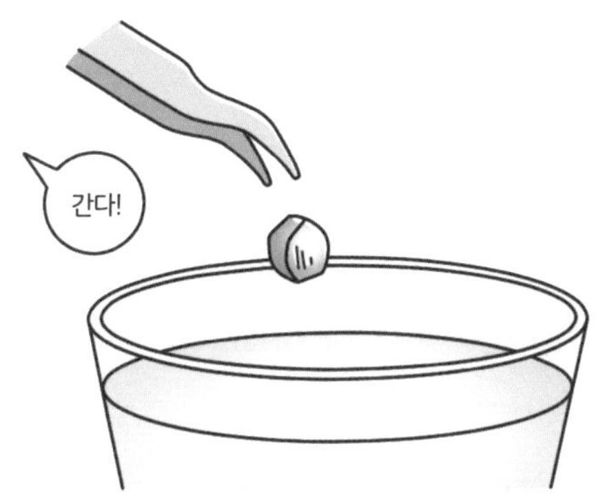
간다!

후다닥!

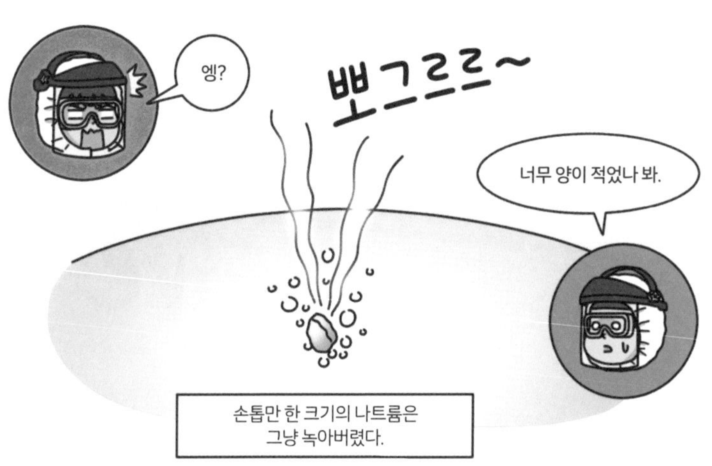
엥?
뽀그르르~
너무 양이 적었나 봐.
손톱만 한 크기의 나트륨은
그냥 녹아버렸다.

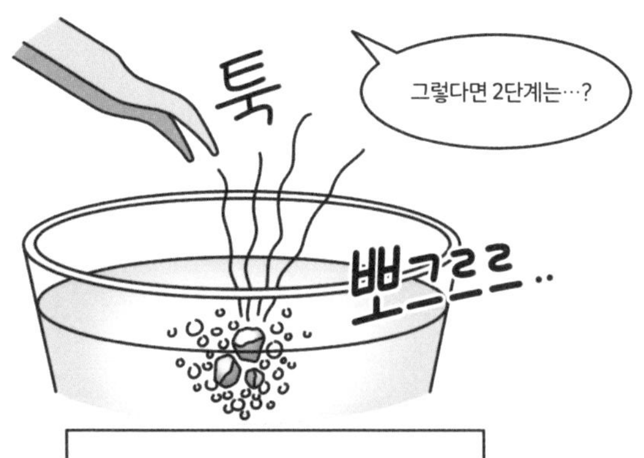

이번에도 그냥 녹았다.
아까보다 더 보글거리기는 했지만.

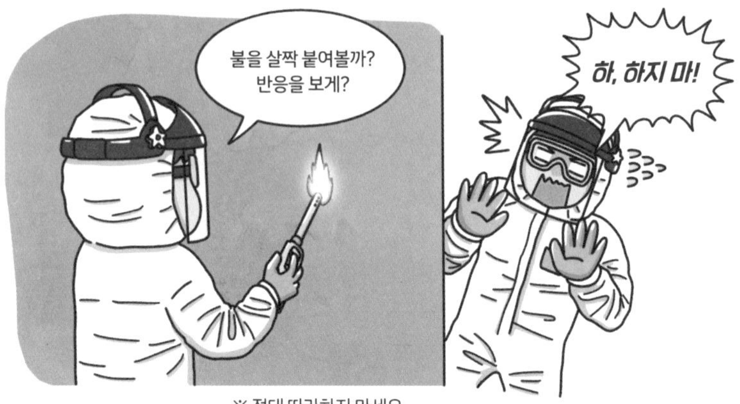

불을 살짝 붙여볼까?
반응을 보게?
하, 하지 마!

※ 절대 따라하지 마세요.

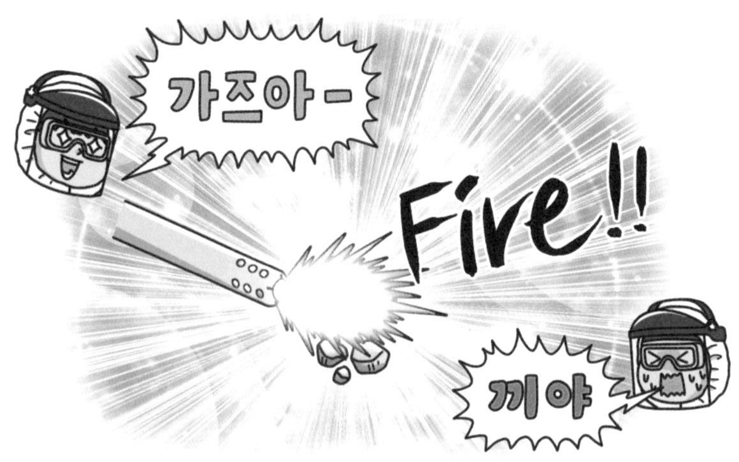

수소가 발생해서 그런지
불이 바로 붙네.

그런데 생각보다
뜨뜻미지근하잖아.

시무룩~~~

노잼

아니야.
대단한 실험이었어.
그러니 이제 끝내자~

무슨 소리야,
3단계가 남았는데.

…….
…….

오우씨~ 깜짝이야!
완전 대박이네.
나, 살아 있는 거 맞지?
꼬집

아, 안 되겠다.
얼른 정리하고 가자.
난 진작부터
그러고 싶었어.

마, 맞다. 나트륨 넣기 전에 파라핀 오일에 담갔어야 했는데….

※ 나트륨의 반응성이 너무 높아서 외부와 차단하기 위해 기름을 넣어 보관함.

깜빡했다.

Sodium metal in kerosene

주의 주의

고오오오

뭐라고?!

빨리 부어!!
빨리해!!
꿀렁
꿀렁
주의
주의

너, 다신 나트륨의
'나' 자도 꺼내지 마!
힝, 다리 풀렸어.
상자
BOX

달밤의 실험은 그렇게 황급히 마무리되었다고 한다.
Geekble
야, 나 다리 풀렸다니까.
같이 가⋯.
빨리 와!

열 없이도 달걀을 익힐 수 있을까?

한가롭고 따스한 5월의 어느 토요일,
친구로부터 한 통의 카톡을 받은 용달.

야, 심심한데 캠핑 안 갈래?
ㄴㄴ 게임해야 됨.
아무것도 하고 있지 않지만
더 아무것도 하고 싶지 않다.
귀
찮
너희가 그러니까 연애를 못 하는 거야.
캠핑장에서 얼마나 많은 인연이 맺어지는데~
안녕하세요~
놀러 오셨나 봐요?
제가 캠핑
마니아입니다. 하핫!
저기,
고기가 많아서
그러는데···
합석
하시겠어요?
망상'ON'
헐! 그건 몰랐네!!!!!!!!!!
뭐 해? 지금 당장 출발하지 않고!
ㅇㅋ. 술이랑 달걀만 사 와.
나머지는 형님이 다 준비함.
옛썰!!!!

몇 시간 뒤
이런… 젠장!

우리 말고
아무도 없잖아!!
사기당했어,
흑흑.
조용하니까
오히려 좋네~

저 별은
직녀성이에요.
이렇게 로맨틱한
공대생은 처음이에요.
영롱~
다 틀렸어.
절망하지 마, 친구.
아직 캠핑의 꽃,
바비큐가 남았으니까!

트렁크에 아이스박스랑
먹을 거 있거든. 그것 좀 갖다줘.
텐트는 우리가 치고 있을게.
알았다.
짜증..

야, 아이스박스를 만들고 있냐?
뭐 이렇게 오래 걸려~!!
아무것도 없는데?

엥…? 이게 왜 없지…?
휑~

설마…
뒤적
뒤적

끄아아아악!!
지금 간다, 가.
아이스박스
집에 두고 왔다!!
야, 내려가서
뭐라도 사 오자.
안 돼. 여기 완전 오지라고.
나 야맹증도 있단 말이야….
밤 운전 못 해.
야, 장난해!
숲속 개오지 캠핑장
그렇다면 우리에게 남은 건
고작 이것뿐인가.
크윽.
버너조차 없어.
마지막
처럼
GASS
HOT BREWED
ABSOL
VODKA

정말이야. 달걀 흰자는 대부분 알부민이라는 단백질로 이루어져 있는데, 이 알부민은 열에 의해 화학반응을 일으킬 뿐 아니라 술의 주성분인 에탄올에도 반응을 하거든.

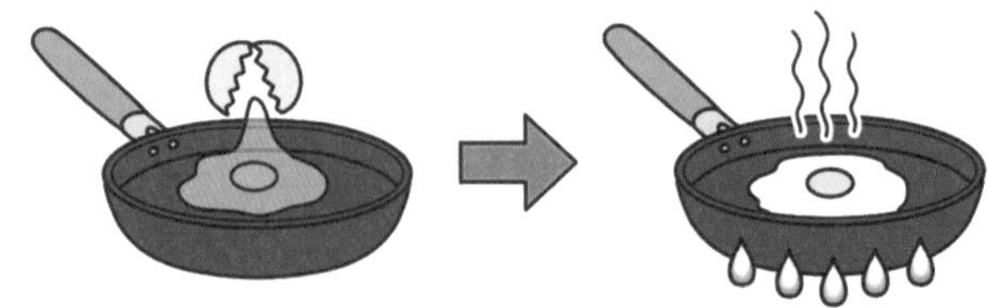

알부민에 에탄올을 반응시키면 단백질이 변성되면서 풀렸다가
다시 새로운 연결고리를 만들어 엉키면서 고체덩어리를 형성해.
열을 가할 때랑 똑같은 원리지.

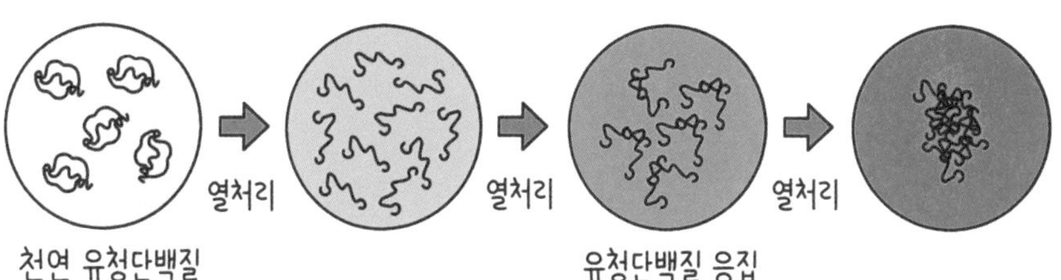

열처리
열처리
열처리
천연 유청단백질
유청단백질 응집

에탄올 함량(알코올 도수)이 높을수록 더 변성이 잘된다고 하니까,
도수별로 실험해보자.

그래, 삶은 달걀(?)이라도 먹어보자.
맥주 5도
소주 17도
보드카 40도
빨리 익어라!!

용달아, 어쨌든 네가 우릴 구했다!!
고마워!
하하, 뭐 이 정도를 가지고.

30분 후

친구야, 언제 될까?

정용달, 너 우리한테 뻥친 거냐?

자, 잠깐 얘들아.
이거 시간이
좀 걸려;;;

쿠궁..

부릅

이론상으론 완벽하니까
조금만 더 기다려보자.

변화 1도 없음

우웨엑!!!

따흑…

우리의 첫 캠핑은 그렇게 단식 체험으로 끝이 났다.

한 달 뒤

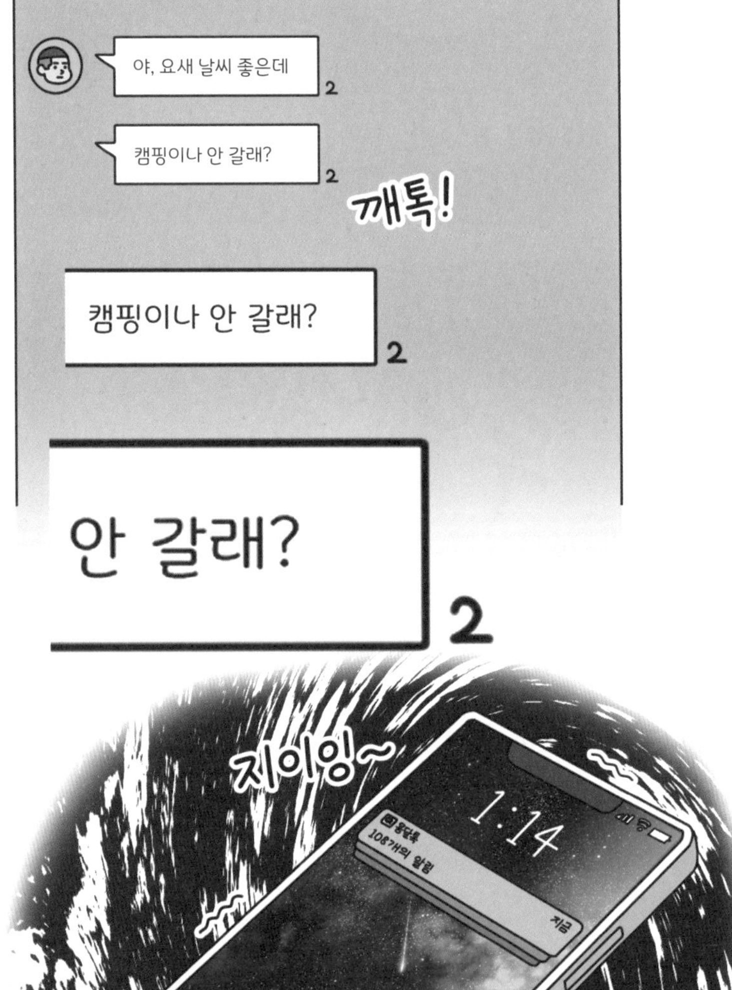

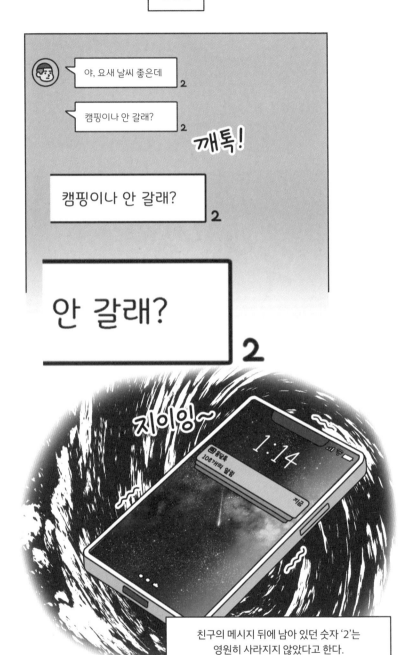

친구의 메시지 뒤에 남아 있던 숫자 '2'는
영원히 사라지지 않았다고 한다.

검은 불꽃을 만들어라!

나의 뇌절을 받아라!
빠직

∞
이얏!
크헉!
CRITICAL HIT!

후후, 나의 승리로군.
아직 끝나지 않았다!

아마테라스!!!
KO!

아오, 운빨똥망게임!
치사하다, 치사해!
GAME OVER
패배자의 넋두리,
잘 들었고요~
빡

야, 다시 해!!
잠깐만!
게임보다 재미난 게
생각났어.

크크, 검은 불꽃을 실제로 만들어 봐야겠어.

너 지금 충분히 검어….

아서라~ 불꽃이 어떻게 검을 수가 있어.

안 된다고 생각하면 정말 안 되는 거야.

우리가 물체의 색을 볼 수 있는 것은 물체가 빛을 받으면 표면에서 일정한 파장의 빛만을 반사 또는 투과하고 나머지는 흡수하려는 성질 덕분이야.

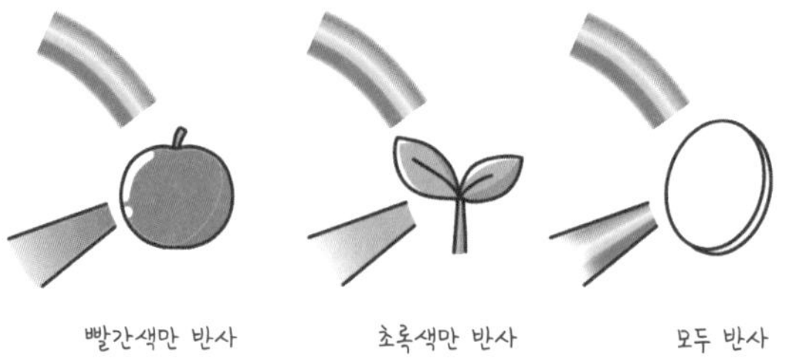

즉, 불꽃이 가시광선의 빛을 모두 흡수하여 반사하는 빛이 없다면, 검은 불꽃을 볼 수 있는 거지.

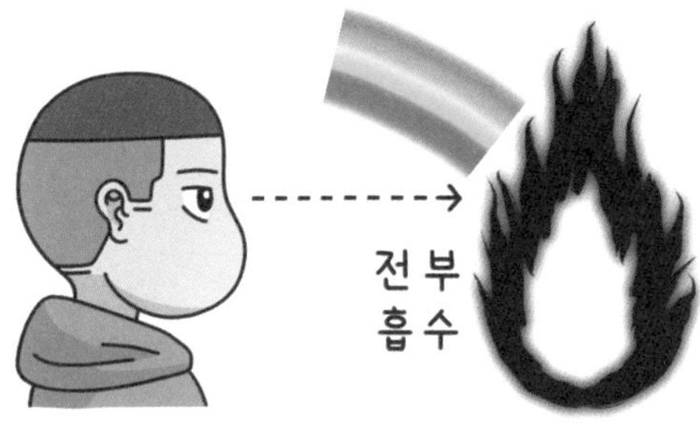

이론상으로는 그렇지. 문제는 불꽃이 광원인데, 어떻게 빛을 흡수하냐?

노놉

한 파장대의 빛만 방출하는 저압 나트륨 램프를 이용하면 가능해.

진짜??

짜잔~

근데… 나트륨
램프가 뭐야?

터널 조명에 많이
쓰는 등이야.

아, 황색빛을
내는 등?

나트륨들

맞아! 전구 안에 들어 있는
나트륨 원자들이 기화하면서
나트륨의 방전 색깔인
황색빛을 내는 거야.

나트륨 램프는 단일 색깔을 내는 광원이기 때문에
모든 물체가 다 황색으로 보이게 돼.

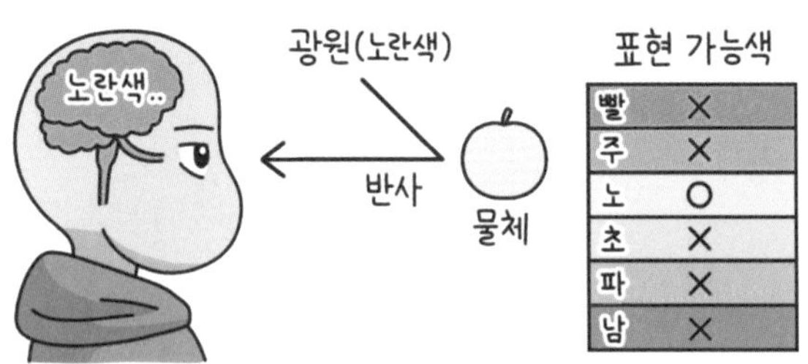

다양한 원소들 중에서 금속 원소가 포함된 화합물(시약)을 불꽃에 넣으면 특유의 색깔이 나오는데, 이를 불꽃 반응이라고 해. 금속에 따라 다른 색깔이 나타나지.

색깔을 방출하는 건 에너지 때문이야. 전자가 뜨거워졌다 식으면서 그 온도만큼의 에너지를 방출하는 거라고 보면 돼.

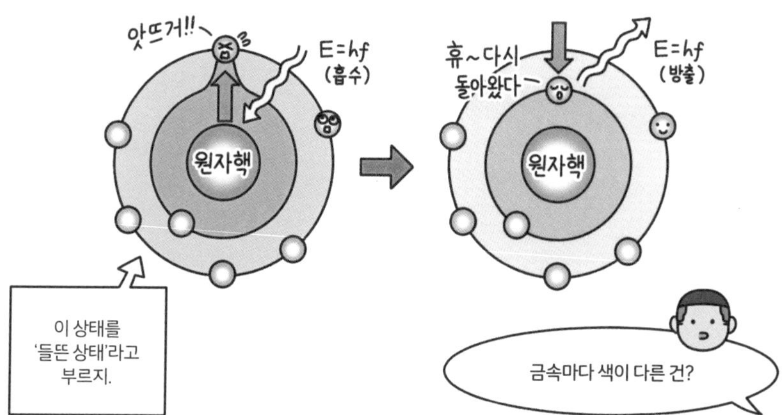

원자는 원자핵과 전자로 이루어져 있는데, 전자는 원자핵 주변을 돌고 있어.
그런데 이 원자가 에너지를 받으면 전자는 들뜬 상태가 되고, 반대로 원자가
에너지를 밖으로 방출하면 전자는 다시 안전한 궤도로 돌아와서 원자핵 주변을 돌지.

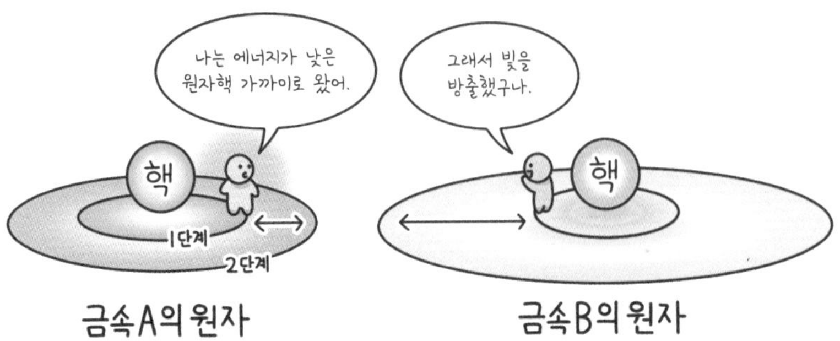

더 정확히 말하자면 원자 속 전자는 불연속적이고 특정한 에너지 상태의
오비탈(궤도함수)의 확률로서 존재하기 때문에 불꽃 색이 다른 거야.

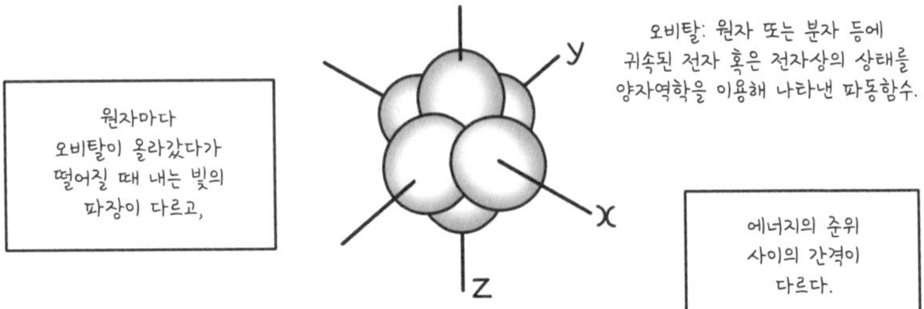

원자마다 오비탈이 올라갔다가 떨어질 때 내는 빛의 파장이 다르고,

y
x
z

오비탈: 원자 또는 분자 등에 귀속된 전자 혹은 전자상의 상태를 양자역학을 이용해 나타낸 파동함수.

에너지의 준위 사이의 간격이 다르다.

오비탈인지, 비탈길인지
설명 잘 들었고, 그래서 검은 불꽃을
어떻게 만든다는 건데?

빛 방출
(갖다놓는 사람)

없음
(=검은색)

빛 흡수
(뺏어가는 사람)

노란빛이
사라졌다.

나트륨 램프는 황색빛만 방출하니까
그 빛만 흡수하도록 장치를 만들어줄 거야.

나트륨 램프는 나트륨 증기를 이용해 방전을 하니까
나트륨 증기를 만들어주면 모든 이론이 맞아 떨어지지.

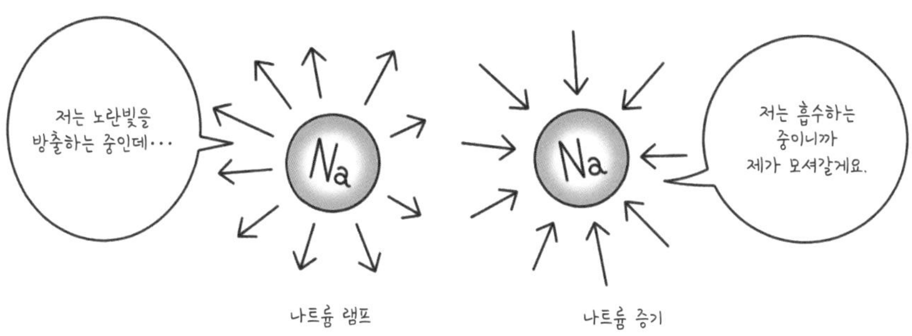

우선 나트륨 램프를 켜고 소금물을 만들어
헝겊이나 티슈에 적신 뒤에 불을 붙이면 돼!

우아!!!!!
아마테라스다
!!!
이번 실험도
성공!
킬킬..
좀 더 큰 불꽃을
만들어볼까?
소금
대용량
하지 마!
제발!!
한 번만 더
해보자!
하지 말라고,
새끼야!!
와장창!
하지 말라고 하면 안 하는
용달이었다면 얼마나 좋았을까.

소금을 녹여 소고기를 구울 수 있을까?

귀여운 꼬마 공주님,
꼬마 왕자님, 안녕!
여러분은 고기를 먹을 때
어떻게 먹는지 저 용주니에게
알려줄래요?

공돌이

용준
a.k.a 공대 오빠

쌈장을 찍어 드세요?
아니면 소금?

쌈을 싸 먹는 편인가요?
아니면 고기만?

공돌이 용달

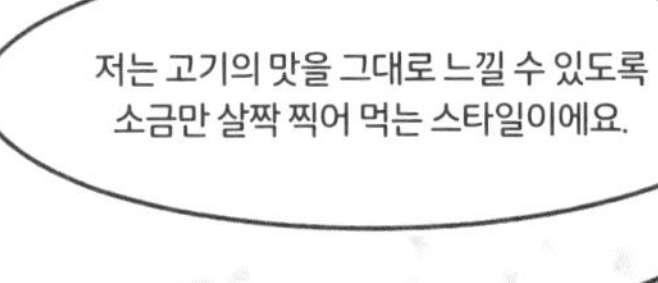

저는 고기의 맛을 그대로 느낄 수 있도록
소금만 살짝 찍어 먹는 스타일이에요.

늘 소금을 찍어 먹다 보니까
이런 궁금증이 생겼어요.
소금으로 고기를 구우면
간이 밸까?
지그시~
공돌이 용달

하지만 저 용주니는 달고나를 만드는 방법으로는
절대 소금을 녹일 수 없다는 사실을 알고 있어요.
소금의 녹는점은 무려 801도니까요.
주문하신 달고나 라떼
나왔습니다~
용달카페

그래서 준비했죠.
꼬마 전기 용광로~♥
짜
잔~

이 용광로가 이래봬도 최대 1150도까지 올라가니까
녹는점이 1150도 이하인 것은 녹일 수 있을 거예요.

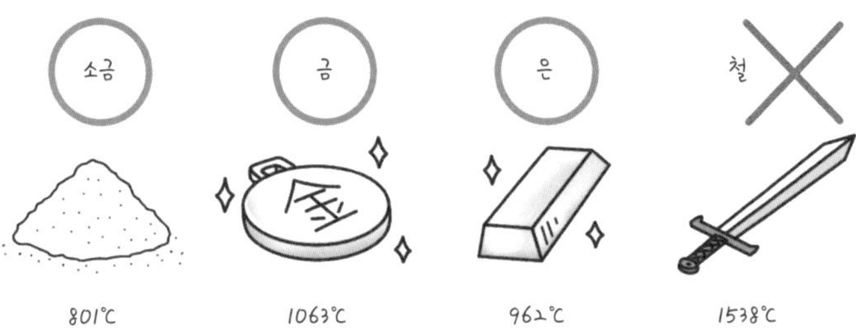

여기에 소금을 녹이고, 그 소금물을 고기에 부어서 소고기를 익히면
과연 그 맛이 어떨지 궁금하지 않습니까?

먼저 용광로 도가니에 소금을 넣어줍니다.

그리고 소금이 녹을 때까지 가열합니다.

※안전 장비 없이 절대 따라하지 마세요.

어? 소금물이 떨어지면서 바로 굳어버리는데?

톡
후두둑
톡

딱 봐도 안 익음

에라이~ 모르겠다. 응고된 소금도 뜨거울 테니 여기에 그냥 굽자!

취이익

오, 익는다!

자, 이제
맛을 볼까요~?
다 좋은데
그 표정 좀
집어치워!
콘셉트 대체
뭔데?
꼬마 왕자님~
맛이 어때요?
끲 끲 끲
우물
우물
먹어나
보자!
…적당히
짭짤한데?
덩그러니…
근데 녹은 소금이
이렇게 빨리 결정이
될지 몰랐어. 완전
순식간이던데?

상온에 노출되면 녹는점 801도를 유지할 수 없게 되니까 그럴 수밖에.

그래도 여전히 높은 열을 품고 있는 결정이기 때문에
고기가 먹을 수 있을 정도로 익긴 했어.

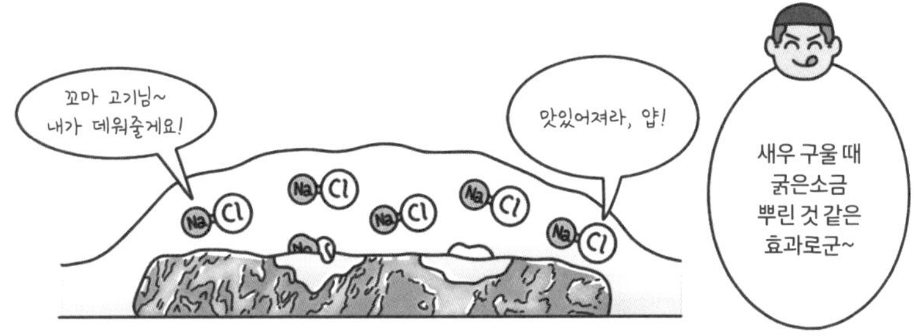

불에 타지 않는 물질의 진실 혹은 거짓!?

이 이야기는 1990년 영국에서 시작됩니다.

달걀 앞에 토치를
작동시켰다가
몇 분 후에 달걀의 상태를
확인해볼 겁니다.
저는 이 달걀이
멀쩡하다는 데에
500원을 걸죠.

왜냐고요? 정말
놀랄 만한 물질을
발라두었거든요.

활활~

자, 보세요! 달걀이
겉만 멀쩡한 게 아니라
속까지 그대로죠?

정말 놀랍지
않습니까!
이건 세상을 바꿀
위대한 물질이에요!

짜 잔~

이 물질의 정체는 영국의 미용사이자 아마추어 발명가
모리스 워드가 발명한 '스타라이트(Starlite)'였습니다.

엄청난 관심에도 불구하고, 모리스는 세상을 떠날 때까지
가족들 외에는 어떠한 정보도 공유하지 않았습니다.

과학자들과 연구자들은 여러 가지 방법으로 스타라이트 만들기에 도전했죠.
SNS에 '내가 진짜 스타라이트를 발견했다'는 글도 올라왔지만, 글쎄요.

불을 사용하는 실험이니까 안전하게!
어린이들은 절대 따라하면 안 되는 거 알죠?

STEP 1 비커에 전분가루 100g과 베이킹소다 10g, 목공풀을 넣어줍니다.

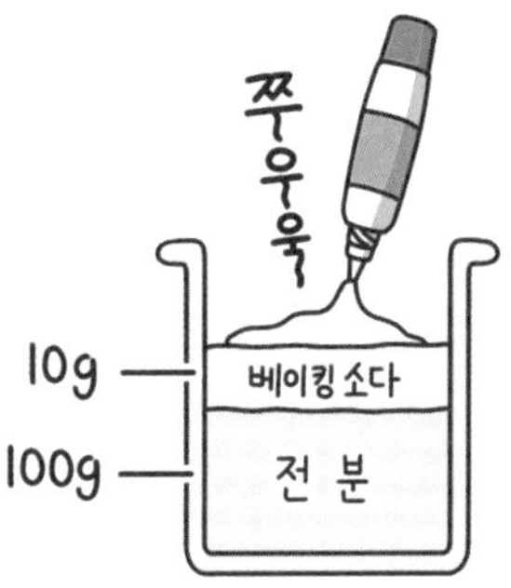

STEP 2 끈적한 느낌이 들 때까지 목공풀을 넣어가며 섞어줍니다.

STEP 3 잘 만든 반죽을 얇게 펴줍니다.

반죽을 얇게 펴서 오이에 붙이고 토치로 열을 가해볼게요.
만약 오이가 뜨거워지지 않는다면 실험 성공!

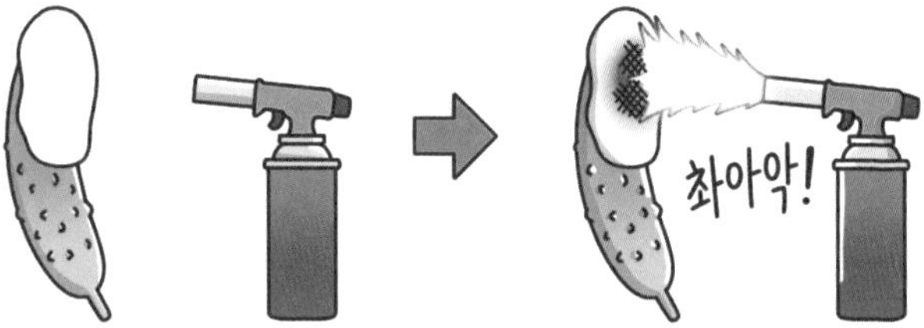

좌아악!

오이가 탔는지
안 탔는지 반죽을
벗겨볼게.

서늘~

어때? 보기에는
멀쩡한데!!

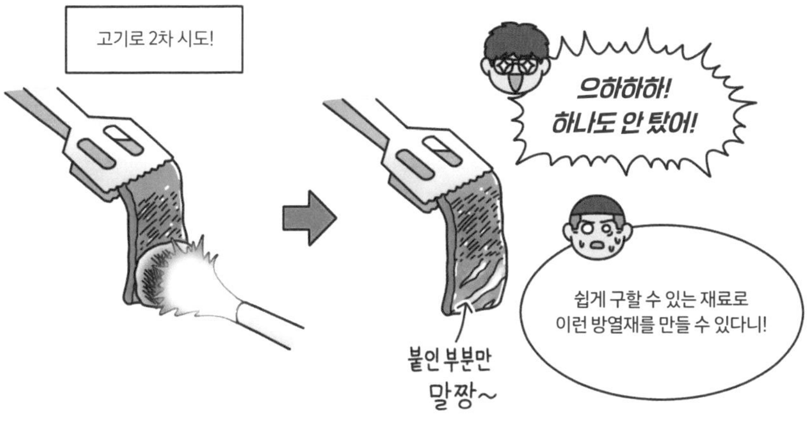

고기로 2차 시도!

으하하하!
하나도 안 탔어!

쉽게 구할 수 있는 재료로
이런 방열재를 만들 수 있다니!

붙인 부분만
말짱~

내 손에 올려두고
열이 느껴지나 봐야겠다.

야, 화상 입으면 어쩌려고 그래!

취익!

※절대 따라하지 마세요.

살짝 따뜻하긴 한데 안 뜨거웠어요! 불꽃이 반죽을 만나게 되면서 그 안으로 산소가 유입되지 않아 불완전 연소가 일어나고, 탄소가 생성되면서 반죽이 검게 변했지만요.

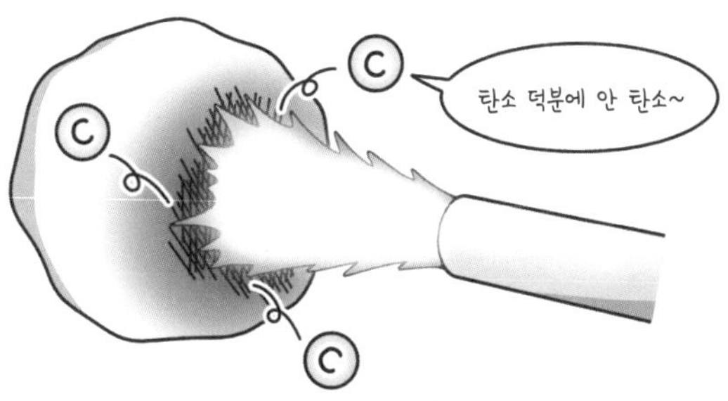

여기에 베이킹소다가 열로 분해되면서 배출한 이산화탄소가
겉표면 바로 뒤에 생성되어 새롭게 생성되는 탄소를
밖으로 밀어내 안쪽으로 타들어가는 걸 막은 거예요.

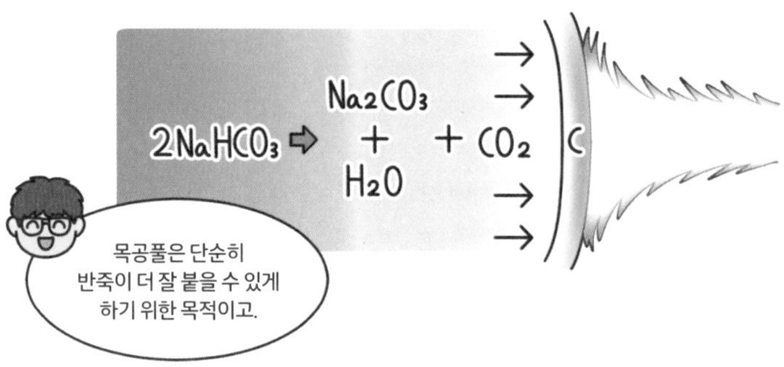

목공풀은 단순히 반죽이 더 잘 붙을 수 있게 하기 위한 목적이고.

하지만 이 방법이 진짜 스타라이트 제조법인지는 알 수 없어요.

아버지가 강아지나 말에게 준 적도 있어요. 먹을 수도 있고 자연친화적인 물질이죠.
페인트로 만들어 상용화할 생각이에요.

모리스의 딸

스타라이트는 방호복, 우주선, 디지털 케이블 등 유용하게 쓸 수 있는
여지가 굉장히 많으니 그 비밀이 밝혀지는 날이 어서 오길.

태양열로
고기를 구워
먹는다고?

으으으,
더워 죽겠다~
올해 역대급
더위라던데~

으아악!
이러다 우리 둘 다
구이가 되어
버리겠어!
구이까지는 모르겠는데, 돋보기로
종이 정도는 태울 수 있겠다.

도, 돋보기?
커다란 돋보기로
종이가 아닌 고기도
익힐 수 있을까?
취이익
뭐야?
갑자기 왜 조용하냐?
두근
두근

그래서 돋보기의 특성을 생각해봤지. 돋보기는 가운데가 두껍고 부피가 커서 한 곳으로 빛을 모아주는 볼록렌즈를 쓰잖아.

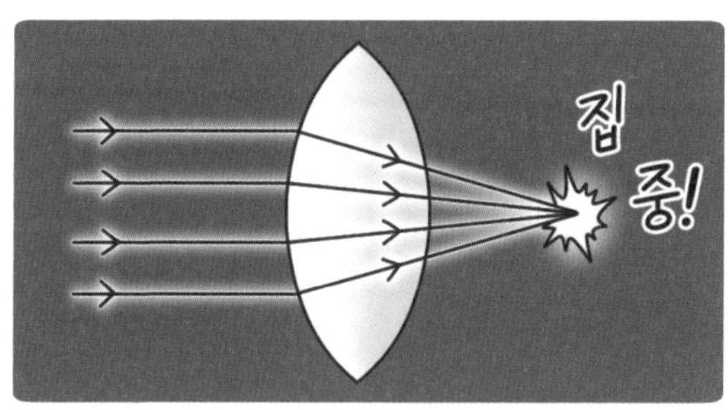

같은 효과를 갖지만 부피가 훨씬 작은 '프레넬 렌즈'를 구해보면 되지 않을까. 프레넬 렌즈는 볼록렌즈의 곡면 모양을 기울기가 다른 동심원 형태의 고리들로 대체해서 같은 기능을 구현한 것이거든.

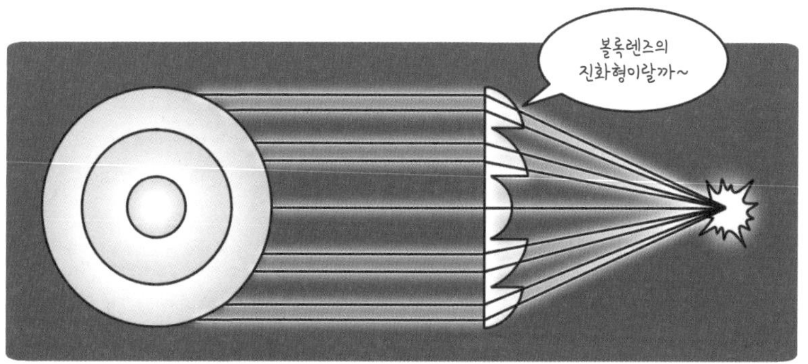

그게 얼만데?
어… 가로세로 1m짜리가 88만 원 정도?
아쉽게 됐네. 두 달 치 월세를 실험에 쓸 수는 없을…
결제가 완료되었습니다!
클릭!
나한테는 돈 한 푼 안 쓰는 놈이!!
우정보다는 실험이 중하지!

이틀 후
드디어 왔다.
내 사랑스러운 렌즈~
월세 밀려서
쫓겨나고,
실험 망쳐도
난 모른다.
걱정 마! 초점거리가 무려 53cm라
빛을 어마어마하게 모으는 프레넬 렌즈라면
실험 성공은 무리 없을 테니.
53cm
으랏차!!
아니, 실험
성공하면
월세가 나오냐!!
비주얼이
중요하니까
돋보기처럼
만들었는데
간지 나지.
내 말은 전혀
안 듣고 있군….

자, 이제 실험하러
옥상으로 고고!
나 먹을 고기도
없는데….
<오늘의 준비물>
한우 등심
컵라면
생수
알루미늄 캔
용접 마스크
렌즈로 빛을 모아서
한우 등심을 조준한다.
참도 익겠다….
나를 뭘로 보고
돋보기로 굽냐~
와우, 익었어!
200도까지
올라갔나 보다!
이, 익다니!
색이 변했다!
와.대.단.하.다.
이제 들어가서
에어컨 바람이나 쐴까?

여기서 끝내면 나 용달이가 아니지.
겨우 한우를 익혔다고 의기양양하다니~
더위는 잊은 지 오래구나, 용달아….
사다수
후라면
TAEGEUK
한우는 우리 중 최약체일 뿐~
n시간 후
이건 오늘 안에 승부가 안 나겠어.
빛이 흡수되지 않고 투과되어 버리네.
메롱.
그렇다면 컵라면 용기는?
으악, 종이가 순식간에 타버렸어!
끄아악!!
화르륵!
마지막으로 알루미늄 캔은?!
취익
미쳤다! 연기가 나! 겉 코팅이 검게 타고 있어!
으으으! 그, 그만해….

아마 방금 온도는
200도에서 300도 사이였을 거야.
외국 실험 사례에는 1m 프레넬 렌즈로
쇠까지 녹인 경우도 있거든.
쇠를 녹일 정도면
효과 장난 아닌데!
이걸로 우리 사업을
해보자!
실험에 집중하다 보니
더위도 잊었네.
진짜~
최고의 피서는
역시 실험이
라니까~!!
하하
하하하
며칠 뒤
월세 못 내서
쫓겨남.
렌즈 사지 말걸~
배고파~

다이아몬드를 집에서 만드는 방법이 있다?

용달아, 나
고민이 있는데…
뭐? 실험하다가
막혔냐?
네 머릿속엔
실험밖에 없냐?
그럼 뭐가
더 필요하지?
내가… 썸녀에게
고백을 하려고 하는데
그때 선물할 만한 게
없을까?
콰직!
실험하자!
안 돼.
나 데이트 감.
!!!!
이대로 실험 조수를
잃을 순 없어! 막아야 해!
푭!
잘되면 내가 알바비를
네 실험에 투자할 의향이…
선물은 역시 다이아 반지
아니겠습니까, 투자자님!
뭐?!
샤샤샥!

내 수준에 무슨 다이아
반지냐. 그리고 너무
부담스러운 선물이잖아~
취향은
모르는 거다.
내 말 못 들었냐?
나 거지야.
걱정 마! 다이아몬드를
직접 만들면 되니까!

그게 가능해?!!!!!!!
공돌이 치킨 호프
아, 깜짝이야.

땅콩버터랑 석탄, 숯만
있으면 만들 수 있어.
나 용달이 믿어보시라~
땅콩버터
띠요옹~
정말?!!
어떻게 만드는 건데?
빨리 가르쳐줘!!
치킨은 당연히 투자자님께서
사시는 거겠죠?
여기
치킨 한 마리
추가요!
카드 받았습니다.
거짓말이기만
해봐라.
꺼억!
자알~ 먹었다~

STEP 1 토치를 사용해 석탄과 숯을 불로 지진다.

STEP 2 달궈진 석탄과 숯에 땅콩버터를 바른다.

STEP 3 석탄과 숯을 얼음 안에 넣어 냉동실에 보관한다.

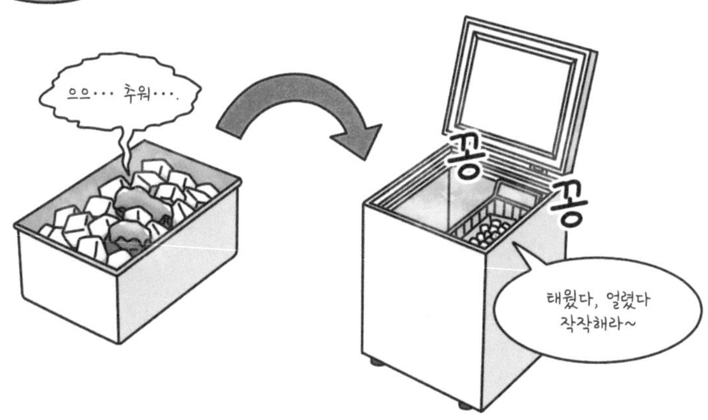

이제 약 24시간 동안
냉동실에서 꽝꽝 얼도록
기다리기만 하면 돼.
우웅~
이렇게나… 간단하다고?!
다음 날
이건 선물이
문제가 아니라
진지하게
사업 아이템으로~
Ooo
띠리리링
24시간 지났다.
꺼내 보자!
얼린 숯이랑 석탄을
따뜻한 물에 헹궈서
벗겨내면 끝!
와자작
어때? 어때?
된 거 같아?
두근
두근

아이쿠야!
뽀 각!
부러져
버렸네.

부, 부러져버렸다는
말은…
뭐겠어?
다이아몬드가 안 됐다는
얘기지~

야! 이 @#$%^*!
@#%U%$%&$8!!
비록 실험에는 실패했지만
완전히 말이 안 되는
이론은 아니야.

다이아몬드와 숯, 석탄의 공통점은 탄소로 이루어져 있다는 거야.
연필에 들어가는 흑연도 마찬가지지.

이 물질들이 같은 원소로 이루어졌지만 서로 다른 성질을 가진 이유는
원자 배열이 다르기 때문이야. 이런 물질들을 '동소체'라고 해.

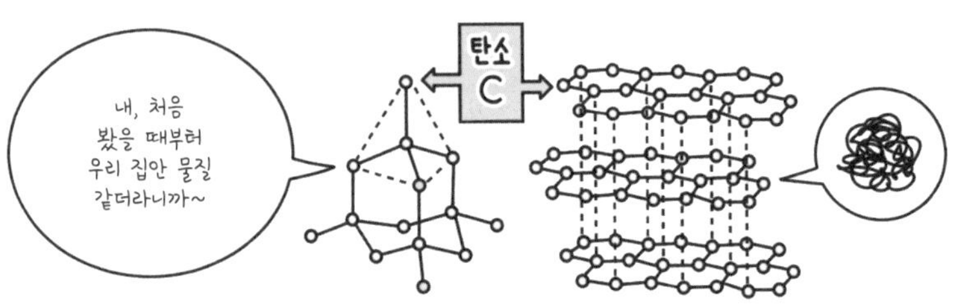

땅콩 역시 고밀도 탄소가 함유되어 있어서 높은 온도와
고압력에 노출시켰을 때 적은 양의 다이아몬드가 생성될 수 있어.
단 대기압의 10만 배 정도의 압력이 필요하지.

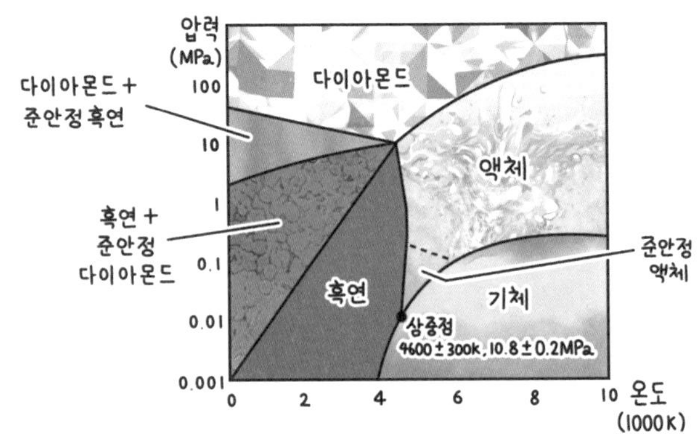

이런 원리를 이용해서 독일에서는 땅콩버터로, 스위스에서는 고인의 유골로 순수한 탄소를 추출해 다이아몬드를 만든 사례가 있지.

자연 상태의 다이아몬드는 지하 140~190km 대에서 탄소가 엄청난 열과 압력을 받아 만들어지는 광물이야. 섭씨 3,500도가 넘는 고온에 대기 압력의 6만 배를 견뎌야 하기 때문에 자연 상태에서도 귀한 몸이지.

인공 다이아몬드를 만들기 위해서는 앞서 언급한 열과 압력을 가하는 방법(HPHT)과 탄화수소를 이용하는 방법(CVD) 두 가지가 있어.

탄화수소를 이용해 다이아몬드를 만들 경우에는
마이크로파나 다른 에너지원을 이용해서 원자들을 분리시켜 탄소만 남겨.

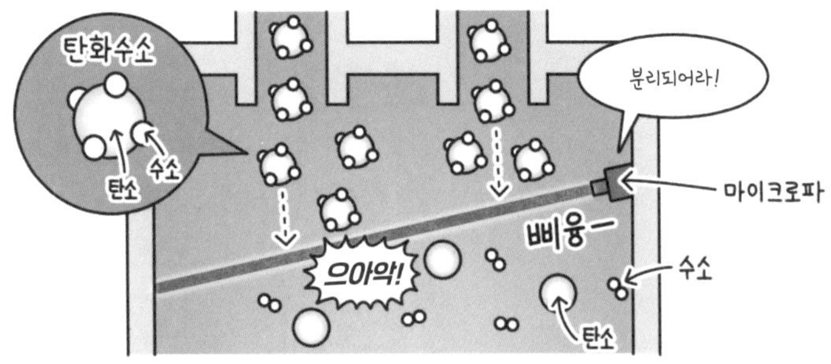

수소가 떨어져나가고 남은 탄소들이 차곡차곡 쌓이면 마침내 다이아몬드가 되는 거야.
이 방법을 CVD(Chemical Vapor Deposition)라고 해.

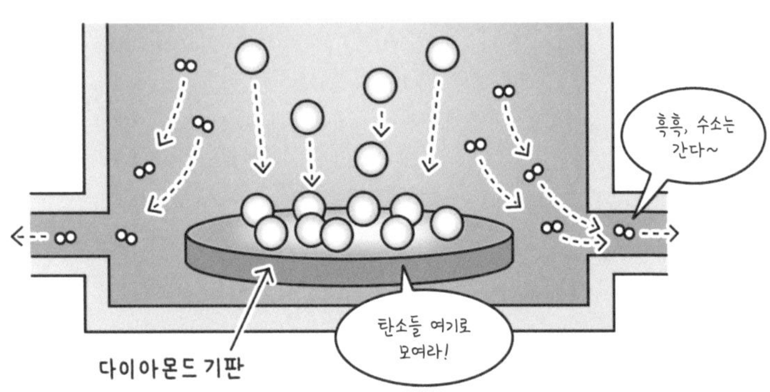

반면 오늘 우리가 한 실험은 높은 온도와 압력을 이용한
HPHT(High Pressure High Temperature) 방식이라고 할 수 있어.
실험 환경 문제로 실패했지만.

집에서 특별한 장비 없이 다이아몬드를 만드는 영상은 가짜일 확률이 높겠죠?

혹시 성공한 분은 연락 주세요~

거짓

이 사기꾼~

어쨌든 우리 주위에 탄소로 이루어진 물질들의 특성을 연구해 신소재를 개발하기도 하니 오늘 실험도 의미 있었다. 그렇지?!

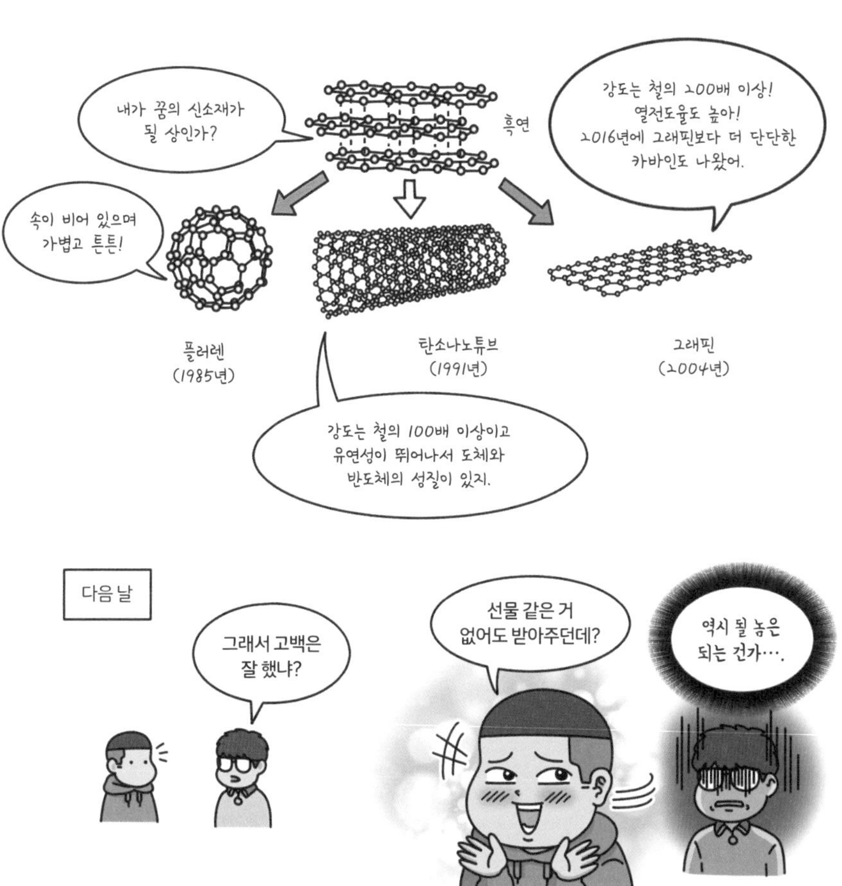

3장

눈에 보이지 않는 것에 대한 탐구

뜨거운 물과 차가운 물 중 뭐가 더 빨리 얼까?

1963년 탄자니아에 에라스토 음펨바라는 학생이 있었어. 당시 열세 살이었던 음펨바는 학교에서 아이스크림을 만드는 실습을 하게 됐어.

음펨바는 좋은 자리에 자신의 아이스크림 용액을 넣고 싶은 마음에 충분히 식히지 않은 채로 냉동실에 넣었지.

하지만 이럴 수가! 냉동실을 열어보니 다른 친구의 아이스크림보다 음펨바의 아이스크림이 먼저 얼어 있었던 거야.

그 사건은 그렇게 잊히나 했는데,
몇 년 뒤 학교에 물리학 교수가 방문했을 때 음펨바는 그 원인을 물었지.

실험을 해보니 놀랍게도 음펨바의 주장은 사실이었어. 오스본 박사는 이 현상을 1969년에 논문으로 발표를 했고, 이후 이 효과는 '음펨바 효과'라고 불리게 됐지.

내 말 맞지?
자슥들아~

그런데 50년이 지난 지금도
그 원인과 원리는 명확하게
규명되지 않았다죠.

에라스토 음펨바
(1950년~)

데니스 오스본
(1932~2014년)

뜨거운 물이 찬물보다 빨리 언다니,
상식적으로 말이 안 되는 것처럼 보이지?
우리도 직접 실험을 해보자.

또 실험…

<오늘의 준비물>
따뜻한 물
차가운 물
냉동고

썸녀와 사귄 지
일주일 만에 차임

STEP 1 따뜻한 물과 차가운 물을 각각 100mL씩 용기에 담아 냉동실에 넣는다.

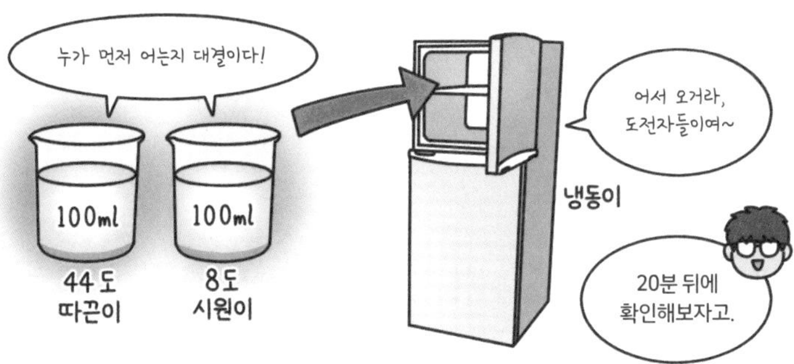

20분 뒤

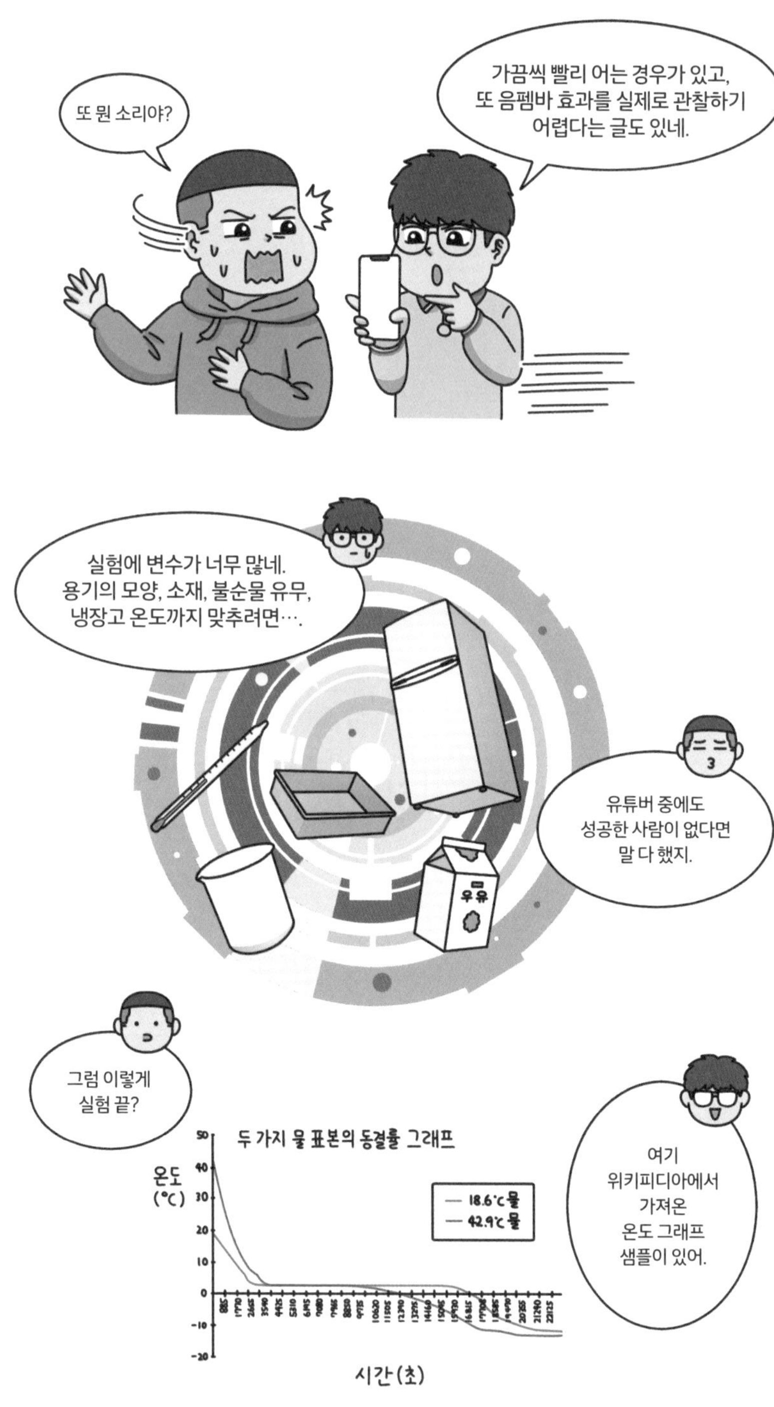

또 뭔 소리야?
가끔씩 빨리 어는 경우가 있고, 또 음펨바 효과를 실제로 관찰하기 어렵다는 글도 있네.
실험에 변수가 너무 많네. 용기의 모양, 소재, 불순물 유무, 냉장고 온도까지 맞추려면….
우유
유튜버 중에도 성공한 사람이 없다면 말 다 했지.
그럼 이렇게 실험 끝?
두 가지 물 표본의 동결률 그래프
온도 (℃)
50
40
30
20
10
0
-10
-20
18.6℃ 물
42.9℃ 물
시간(초)
여기 위키피디아에서 가져온 온도 그래프 샘플이 있어.

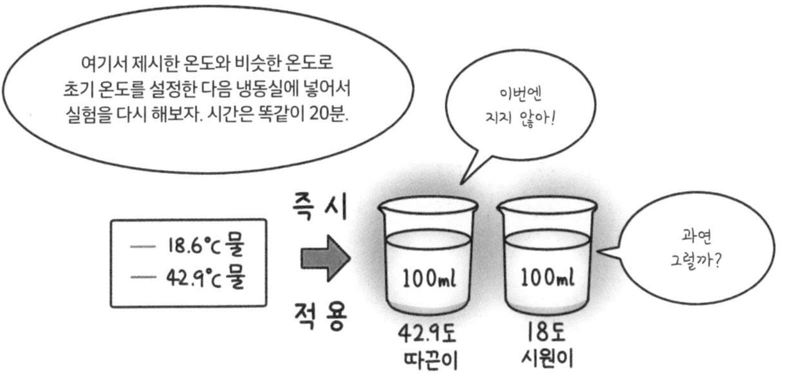
여기서 제시한 온도와 비슷한 온도로
초기 온도를 설정한 다음 냉동실에 넣어서
실험을 다시 해보자. 시간은 똑같이 20분.
이번엔
지지 않아!
— 18.6°C 물
— 42.9°C 물
즉시
적용
100ml
100ml
42.9도
따끈이
18도
시원이
과연
그럴까?

20분 후
냉동실 오픈!
근데 어째 느낌이
싸~한데?
잠잠...
ㅠㅠ
ㅋㅋ
역시 뜨거운 물에는
변화가 없고 찬물에만
살얼음이 생겼어.

하아, 썸녀에게 다시 고백해도
이렇게 실패하겠지….
포기할 수 없어!
다른 온도 조건으로
재도전이다!

찾아보니 2016년 네이처에 음펨바 효과를 반박하는 내용의 논문이 있네.
온도가 높을수록 얼음이 되는 데까지 오래 걸린 다른 실험 데이터와 달리,
오스본 박사 그래프에만 특이한 구간이 있었어.

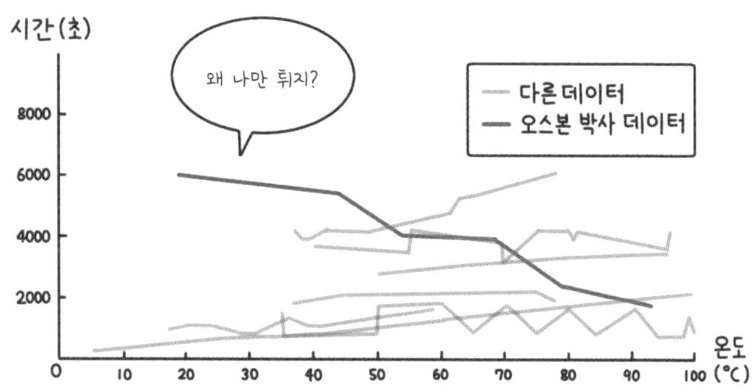

이 문제는 아직도 풀리지 않는 난제로 남아 과학자들이 연구를 거듭하고 있어.
그나마 싱가포르 난양 공대 연구진이 발표한 논문이 음펨바 효과를
가장 잘 설명한다고 알려져 있어.

물은 온도에 따라 물을 구성하는 공유 결합 길이와
분자 간의 수소 결합 길이가 달라져. 그 이유는 온도가 낮을수록 물 분자가
잔동을 적게 해 분자와 분자 사이의 거리가 짧고, 분자들을 서로 묶어두는
수소 결합의 힘이 강해지기 때문이지.

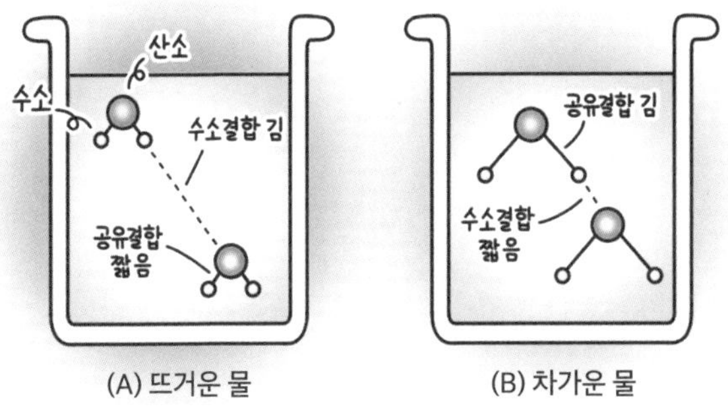

(A) 뜨거운 물 (B) 차가운 물

음펨바 효과를 한마디로 정리하면, '뜨거운 물은 공유 결합이 짧아
에너지를 더 빠르게 방출한다'는 건데, 이것도 모든 경우에
해당되지 않는다고 밝혔지.

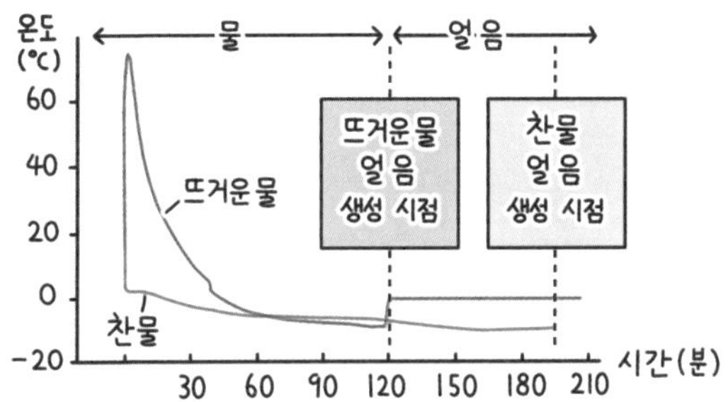

중학생 음펨바의 호기심이 50년이 지나도 풀리지 않는 연구를
이끌어온 것처럼, 여러분도 궁금한 게 있다면 실험해보세요.

어쩌면 그 원리를 밝힐 과학자가 내가 될지도,
여러분이 될지도 모를 일이니까요.

오늘따라 엄청
맛있네~
와구
와구
뭐, 오늘따라??

포도를
전자레인지에
넣고 돌리면?

사람들은 내게 그 많은 실험은 어디서 어떻게 찾느냐고 묻는다.

실험 영감을 얻는 법! 대단한 비법이 있을 것 같지만
사실 우리가 매일 하는 검색에 있다.

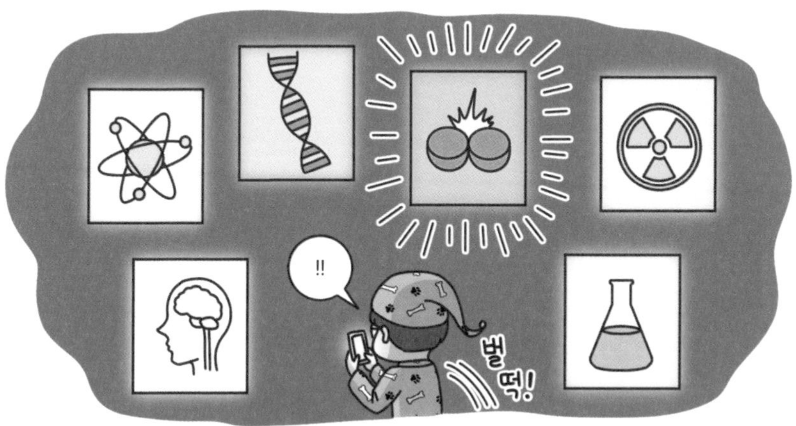

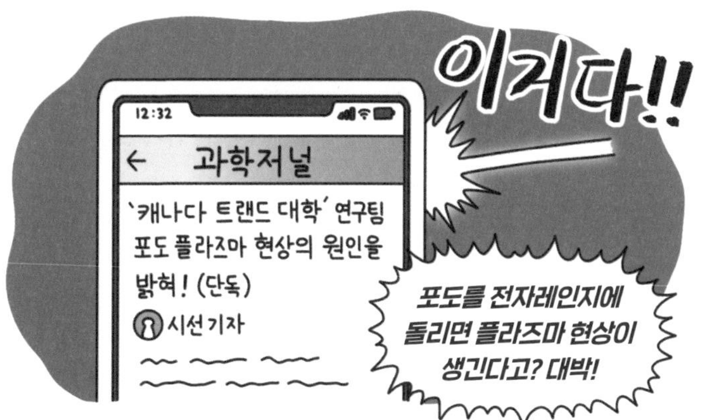

야, 포도를 전자레인지에 돌리면 어떻게 될까?
따뜻한 포도?
왜, 그런 짓을 하는 거지?
극 혐
먹는 거 가지고 장난치면 못쓴다.
근데… 생각보다 맛있을지도?
…….
…….

무지한 녀석들!
이번에 제대로 보여줘서
공돌이라고 놀리지
못하게 해야지.

오늘의 준비물: 포도
먹음직~
샤인머스캣
28,000원
싼 거 사자,
싼 거….
그냥 포도
6,000원
이 포도알로 실험도 하고, 남은 건 먹고~
가성비 쩐다, 쩔어.
냠냠~
실험을 위해 포도알 하나를
반으로 잘라주는데,
사알짝-
이때 완전히 분리되지 않고
껍질 끝이 살짝 붙어 있을 정도로
자르는 게 포인트야.

좋았어!
초간단!
붙어있어야 함
준비 끝!
이제 전자레인지에 넣고
돌리기만 하면 된다!
개꿀~ ♬
잠깐,
플라즈마는 초고온 상태에서
원자핵과 전자가 서로 떨어져서
이온화된 상태를 말하는 거잖아.
내 전자레인지
터지는 거 아냐?!
콰광!
와장창
창문!
세 들어 사는
집까지 폭발하면?

혹시나 플라즈마로 인해 발생한 불꽃이 커질 수 있으니
내열유리 컵으로 덮어준 뒤 전자레인지를 돌리기로 했다.

파워는 최대,
시간은 2분!

위잉~
파바박!
파바바박!

화르륵!
우아아아아!
이거 뭐야!

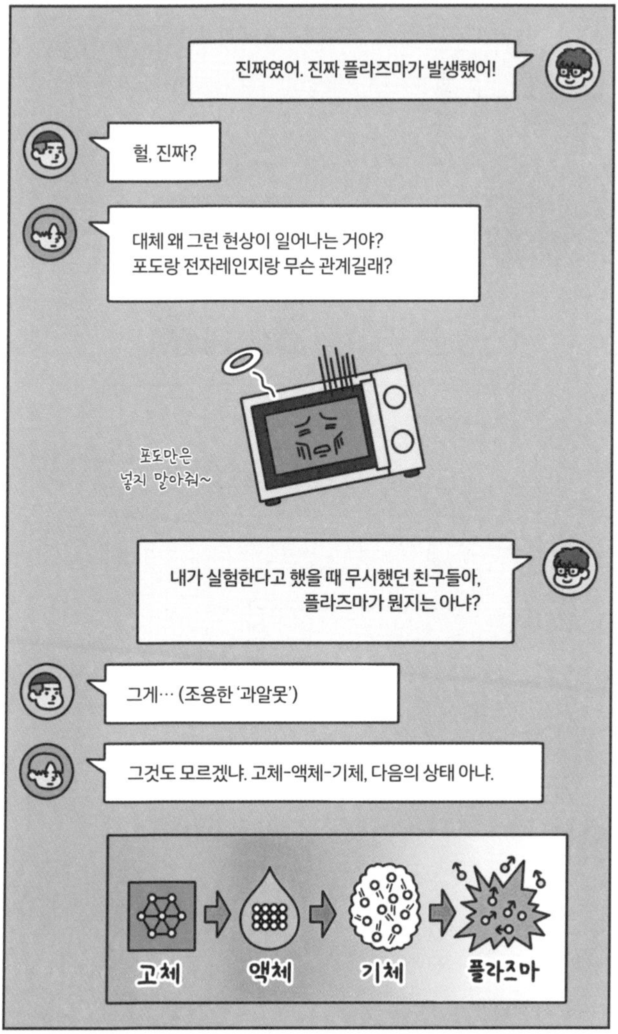

진짜였어. 진짜 플라즈마가 발생했어!

헐, 진짜?

대체 왜 그런 현상이 일어나는 거야?
포도랑 전자레인지랑 무슨 관계길래?

포도만은
넣지 말아줘~

내가 실험한다고 했을 때 무시했던 친구들아,
플라즈마가 뭔지는 아냐?

그게… (조용한 '과알못')

그것도 모르겠냐. 고체-액체-기체, 다음의 상태 아냐.

고체 액체 기체 플라즈마

기체 상태의 물질에 계속 열을 가하여 온도를 올려주면 전자와 양전하를 가진 이온으로 분리되는데, 이러한 상태의 물질을 '플라즈마'라고 해. '제4의 물질 상태'로도 불리지.

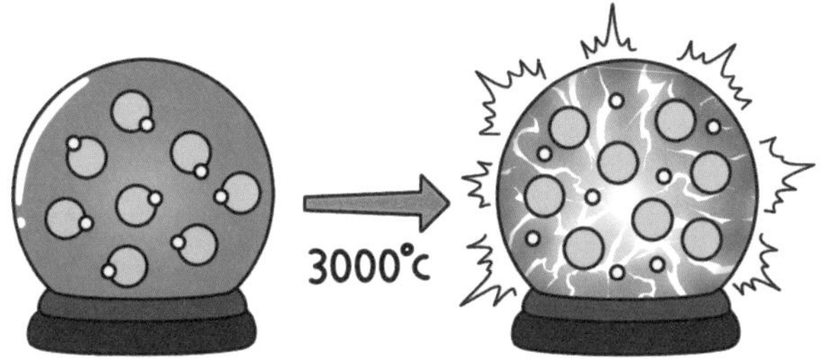

번개와 태양, 오로라 등은 우리가 일상에서
접할 수 있는 대표적인 플라즈마 현상이야.
근데 전자레인지의 마이크로파는
번개와 태양열과는 수준이 다르잖아?
그게 미스터리지. 아직까지 이 현상에 대해
과학적으로 규명하지 못했대.
야, 사람
궁금하게 해놓고
장난하냐!!
그만
톡하자!
ㅋㅋㅋ
그래도 의미 있는 성과는 있었어.

캐나다 트렌트 대학의 물리천문학부 교수 아론 슬렙코브와
콘코디아 대학 물리학부 교수인 파블로 비아누치가 밝힌 건데…

연구팀의 설명에 따르면 전자레인지의 마이크로파 파장 길이가 12cm인데,
이 파동이 포도알을 통과하면 길이가 1.2cm 정도로 열 배 가까이 짧아진다고 해.
파동의 길이는 통과하는 물질마다 다르거든.

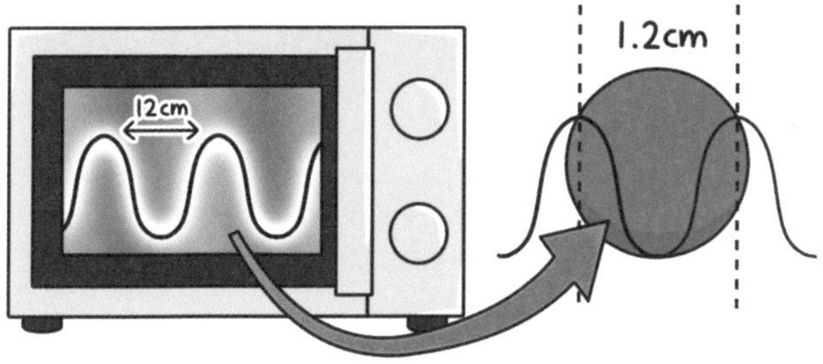

포도알의 지름과 길이가 비슷해진 마이크로파가 포도알에 갇히면서 포도를 뜨겁게
달구게 되는데, 이때 포도알 중앙에 센 전자기장 핫스팟이 생겼을 거란 가설이야.

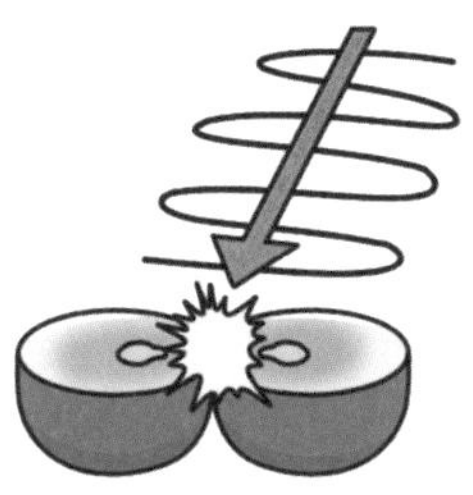

이 핫스팟에서 원자핵과 전자 분리되면서
플라즈마 빛을 방출하는 거지.

그런데 이것으로 완벽하게 실마리가
풀린 게 아니라고 하니, 우리가 밝혀볼까?
'과학계의 오랜 난제를 푼 한국의 공대생'으로
세계적인 명성을 얻는 거야. 어때?
…….
…….
난 전자레인지 하나밖에 없어.
나, 나도…. 용달아, 그동안 행복했고 다시는 만나지 말자.
안녕
…….
쳇!
탐구심 없는 놈들
같으니라고~
휙
휙

다음 날
오늘도 '구독'과 '좋아요',
'알림 설정' 부탁드립니다.
성공적인 녹화였어.
그럼 편의점 도시락으로
허기를 달래볼까나~
아니, 이건!!!
위잉—
파지지직

메추리알끼리 붙어 있는 바람에
플라즈마 현상이 일어났어!
거뭇
거뭇

역시 과학은
일상 곳곳에 있다니까~
오물
오물

그럼 또 무슨
실험을 하지?
긁적

빛은 파동일까, 입자일까?

용달아~ 힘들어.
그만 뛰면 안 될까?
헉헉..
안 돼! 지금 남성 독자만 80퍼센트야.
혹독한 자기 관리 없인
여성 독자를 끌어들일 수 없어.
헥헥..
호박에 줄 긋는다고 무슨~
그늘에서 조금만 쉬자.
흠, 해 질 녘이라 그런지
그림자가 엄청 길군.
힘들다….
그림자라….

야, 정신 사나워.
그런다고 빠질 살이었으면
진작에 빠졌지.
흠…
웃차!
샤샥
휙-

너, 그림자에 점이 있다는
얘기 들어봤어?

더위 먹었냐?
몸에 구멍이 나지 않고서야
어떻게 그림자에 점이 생겨.
훗, 옛날이야기를
좀 들려줘야겠군.

1800년대 과학자들 사이에서 '빛이 파동이다, 입자다' 논란이 많았어.

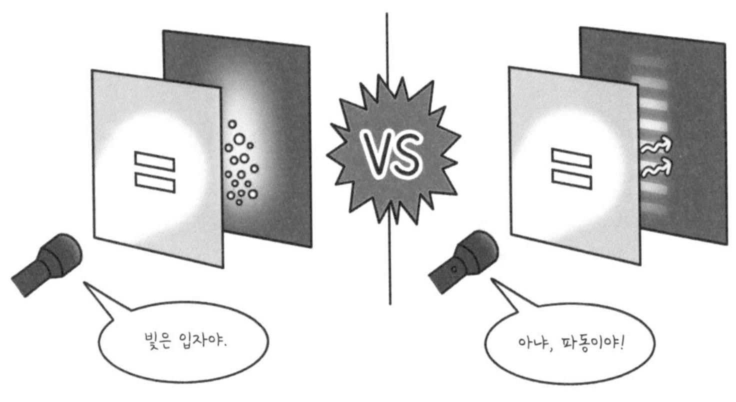

프랑스의 과학자 프레넬은 빛은 파동이라고 주장했지.

오귀스탱 프레넬
(1788~1827년)

반면 푸아송은 뉴턴의 입자설을 지지하며 이를 증명하기 위한 실험을 고안했지.

시메옹 푸아송
(1781~1840년)

'푸아송의 점/아라고의 스팟'이라는 실험이야!

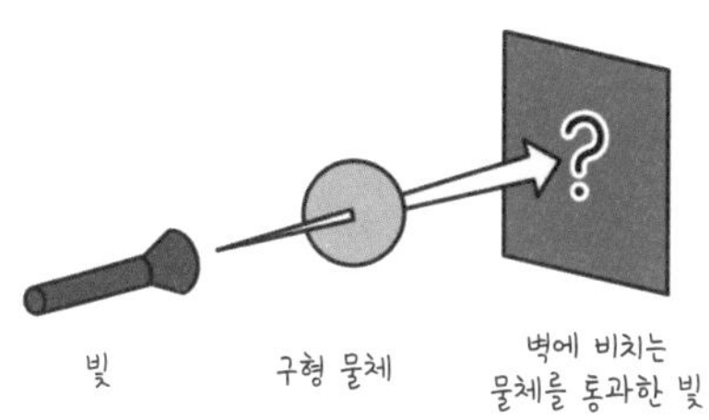

푸아송은 빛이 파동이 맞다면
빛이 통과하는 물체 뒤로 보강 간섭이
일어나 그로 인해 밝은 점이
생길 거라고 생각했어.
잠깐!
보강 간섭이 뭔데?
턱!

하아~
보강 간섭을
모른다고…?
그래.
나 수업 보강만 안다,
이놈아!
모를 수도 있지!
엄청 유세 떠네!

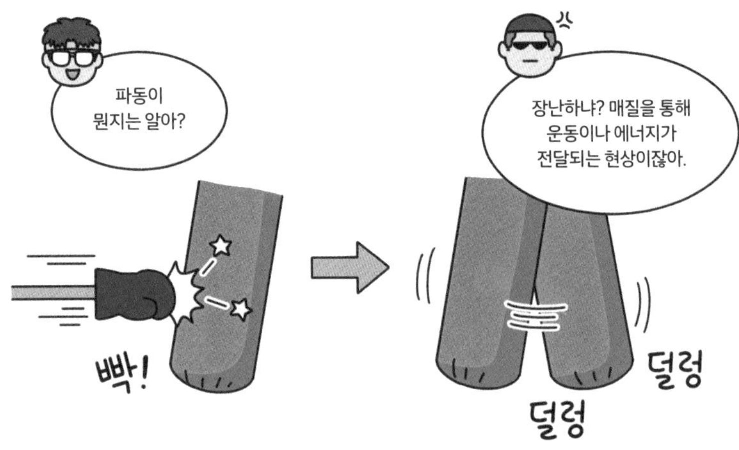

맞아. 파동은 어떤 한 곳의 에너지가 흔들림을 통해
다른 곳으로 전달되는 건데, 그래프로 표현하면 아래와 같아.

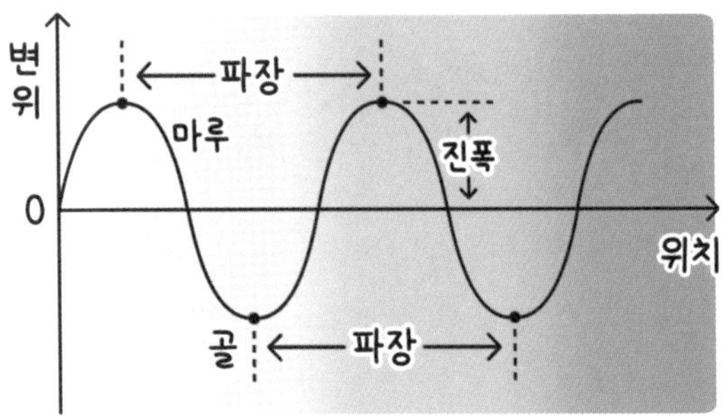

간섭은 두 파장이 만났을 때 서로에게 미치는 영향을 말해.
반대 위상의 두 파동이 중첩되어 진폭이 '0'이 되었을 때를 상쇄 간섭,
위상이 같아 진폭이 두 배가 되었을 때를 보강 간섭이라고 해.

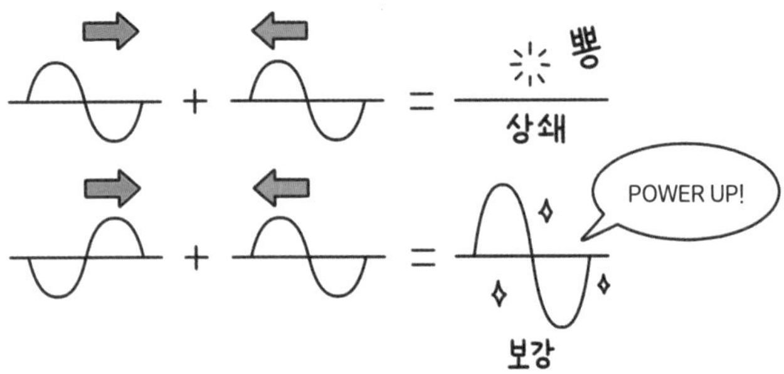

상쇄 간섭: 마루와 골이 만나서 진폭이 '0'이 되는 간섭.
보강 간섭: 마루와 마루, 골과 골이 만나서 진폭이 두 배로 커지는 현상.

그리고 파동은 장애물을 만나면 휘어지거나
퍼지는 현상이 일어나는데, 이 현상을 회절이라고 하고.

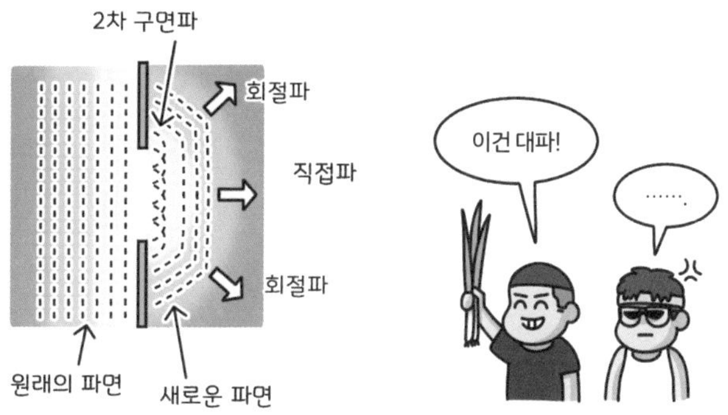

푸아송은 만일 빛이 파동이라면 구형 혹은
원형의 물체에 빛이 닿으면 회절이 일어나고,

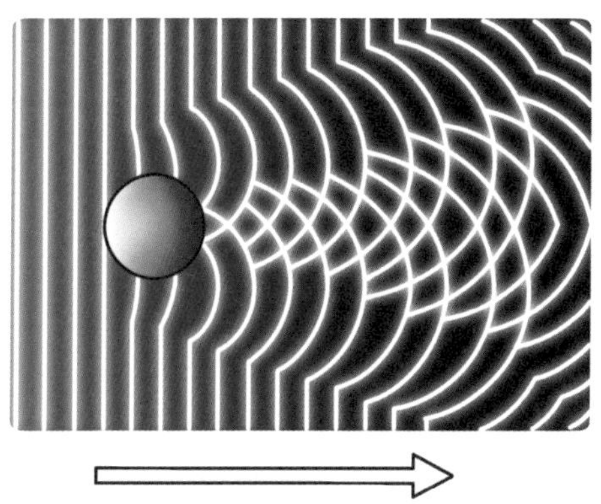

그림자의 중심부는 장애물 가장자리에서 모든 부분에서 거리가 같기 때문에
보강 간섭이 일어나 밝은 점이 생겨날 거라고 주장했지.

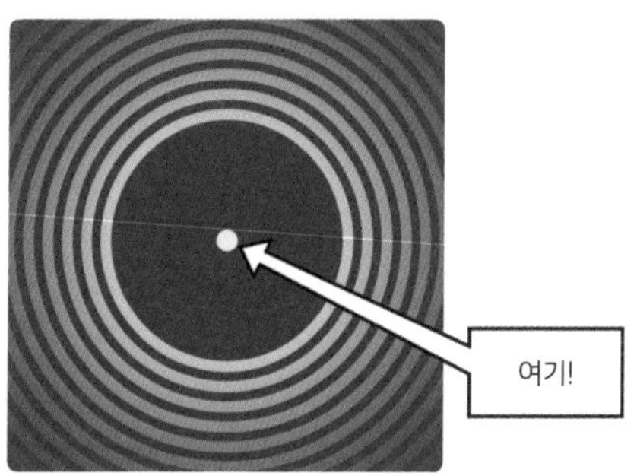

하지만 프레넬도 푸아송도 말만 하고 정작 실험은 하지 않았어.
실험을 한 사람은 아라고였지.

근데
입자이기도 해!
아인슈타인
용달
위대한 아인슈타인
선생님께서
빛은 진동수에 비례하는
에너지를 갖는 입자인
광자로 구성되어 있다는,
광양자설을 밝혔거든.
상상도 못한 정체

이로써 빛은 파동의 성질과
입자의 성질을 모두 가지고 있다는
이중성이 입증된 거야.

주절

빛뿐 아니라 전자 역시
이중성을 가진다는 것이 확인되면서
매우 작은 세계를 설명하는
양자역학이 발전하기 시작했지.

주절

주절

뭔 소리야!
젠장!!

근데 용달아,
그거 아니?

응? 뭐?

운동하니까
남자 독자가
더 늘었음.

!!!!

와~ 용달형
운동한다!

중력을 거스르는 구조물이 있다?

띵동!
용달 아우
용달이 형~
텐세그리티
(Tensegrity)
실험해주세요.
진짜인지 궁금해요!

Goggle tensegrity

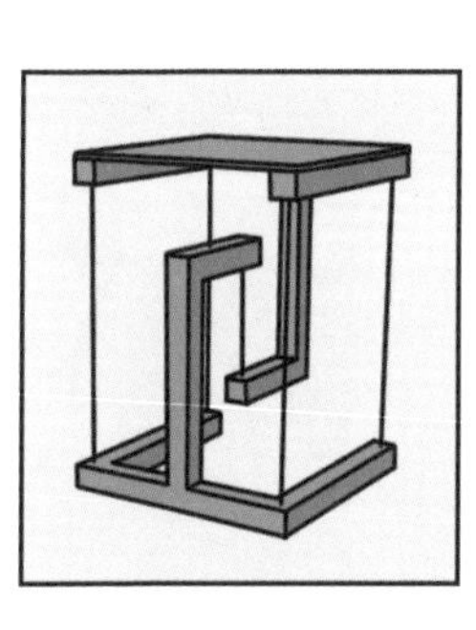

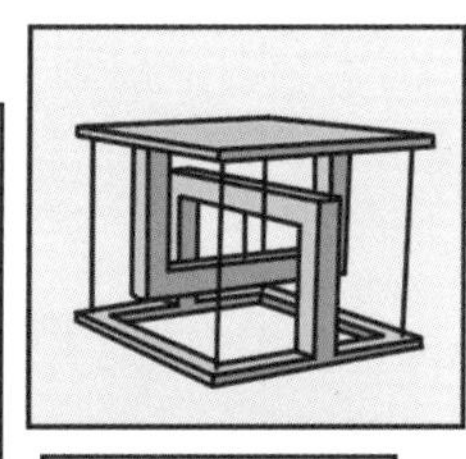

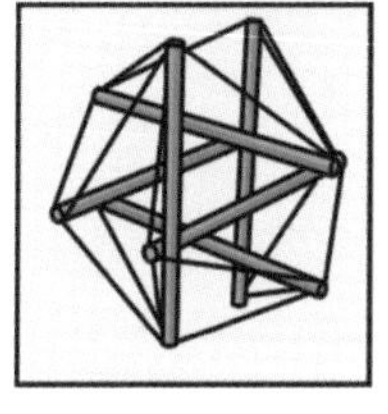

그냥 구조물인
거 같은데?!

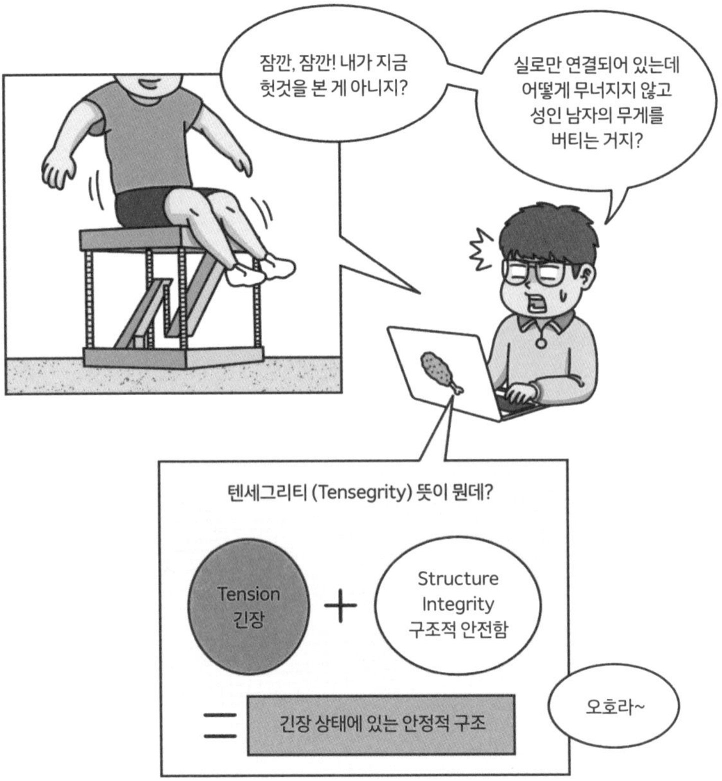

잠깐, 잠깐! 내가 지금 헛것을 본 게 아니지?

실로만 연결되어 있는데 어떻게 무너지지 않고 성인 남자의 무게를 버티는 거지?

텐세그리티 (Tensegrity) 뜻이 뭔데?

Tension 긴장 + Structure Integrity 구조적 안전함

= 긴장 상태에 있는 안정적 구조

오호라~

가득…

오오~
잘 사 왔네.

자, 그럼
다 먹어 치우자고!

와구

와구

이유나 좀 알고 먹자.

너는 이 만화에 출연 분량이
제일 많은데 아직도 그걸 모르냐?

수북..

…….

당연히 실험 때문이지.
나무막대는 다 준비됐고,
실, 칼, 송곳, 접착제와 글루건까지
다 준비됐으니, 이제 해보자!

나, 또
이용당하는 거냐….

강력

먼저 삼각형
두 개를 만들어줘~
윗면
나도 하나!
아랫면

구조물에 이어 붙일
다리 한쪽은
날카롭게 잘라주고
한쪽은 실을 연결할 수 있도록
송곳으로 구멍을 뚫어주면 돼.
그리고 두 개의 삼각형에
다른 막대를 연결해줄 건데,
하나는 모서리에, 하나는
막대 중간에 고정시켜줘.
오케이!
그다음으로 실을 삼각형 꼭짓점에
팽팽하게 묶어주고 나무막대 A와 B의
구멍에 실이 일직선상으로 놓이도록
한 뒤 글루건으로 고정하면 끝.
이욜~
짝
짝
A
B
짜
잔~

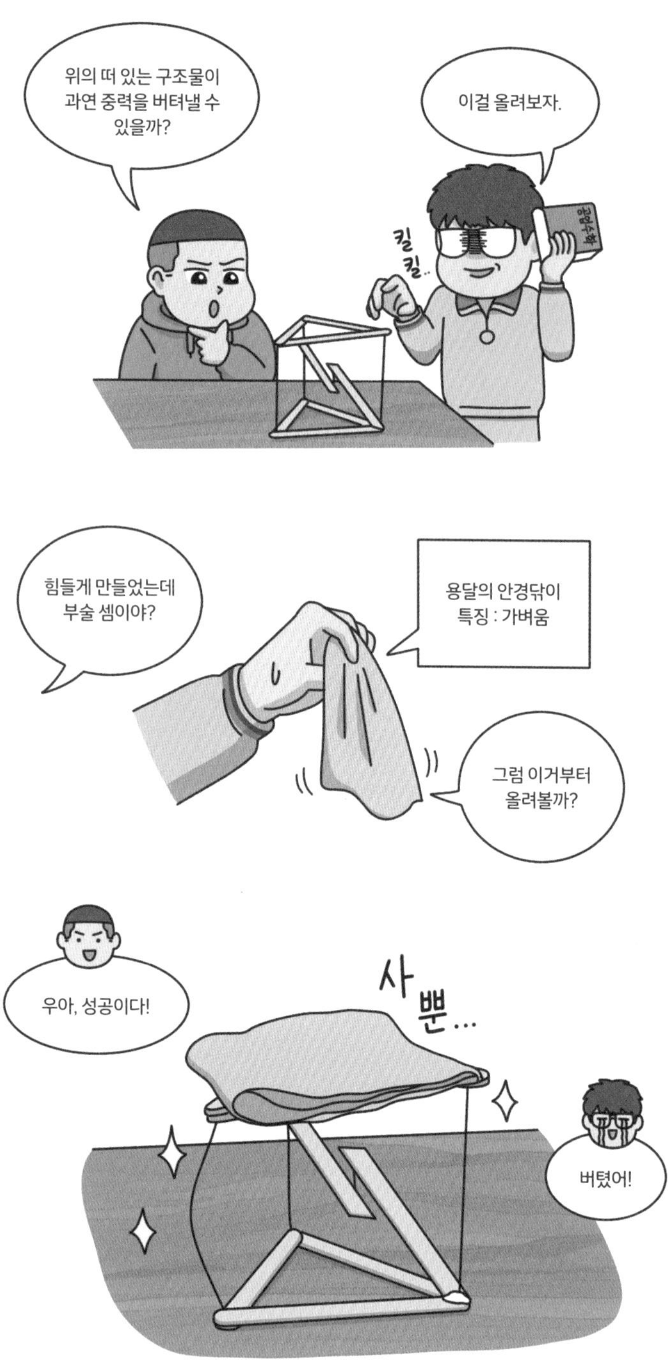
위의 떠 있는 구조물이 과연 중력을 버텨낼 수 있을까?
이걸 올려보자.
킬킬..
힘들게 만들었는데 부술 셈이야?
용달의 안경닦이 특징 : 가벼움
그럼 이거부터 올려볼까?
우아, 성공이다!
사뿐...
버텼어!

그럼 이것도
되려냐?
용달의 휴대폰
특징 : 약정 기간
한참 남음

아, 안 돼!!!
스르륵
와장창!

이거 완전 대박인데!
원리가 뭐야?
아, 그건….

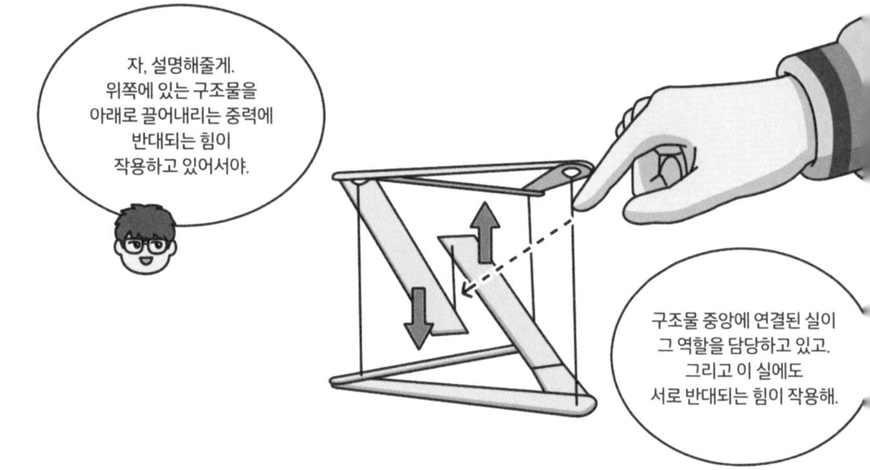

자, 설명해줄게.
위쪽에 있는 구조물을
아래로 끌어내리는 중력에
반대되는 힘이
작용하고 있어서야.

구조물 중앙에 연결된 실이
그 역할을 담당하고 있고.
그리고 이 실에도
서로 반대되는 힘이 작용해.

낚시를 비유해 생각해보면,
물고기는 아래로 줄을
끌어당기고, 낚시꾼은
위로 당기려고 하잖아.

팽
인장력
팽

이때 양쪽에 가해지는 힘을
'인장력'이라고 해.

무게(물고기 또는 물건)로 인해 낚싯대 안쪽(압축력)과 바깥쪽(인장력)의 힘이 낚싯대(나무 막대기)에 가해지고 있고, 구조물의 강도나 연성에 따라 휘거나 구부러지기도 하고, 버티기도 하는 거야.

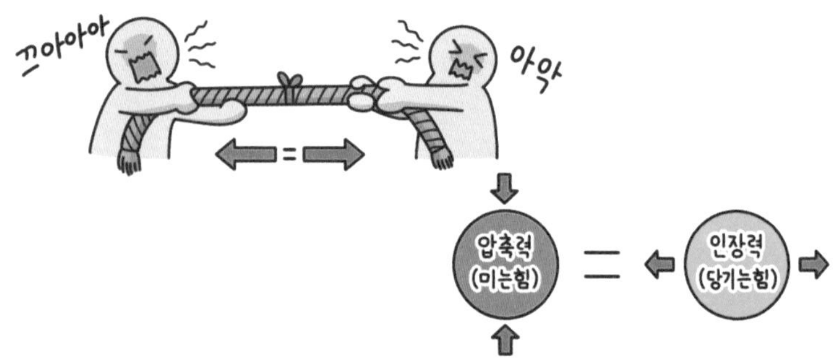

위아래로 연결되어 있는 세 개의 실은 구조물에 물건을 올렸을 때
힘이 한쪽으로 쏠리지 않고 골고루 분산될 수 있게 해줘.

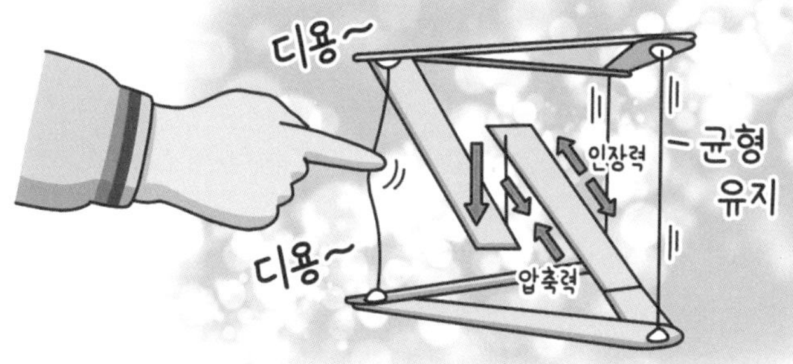

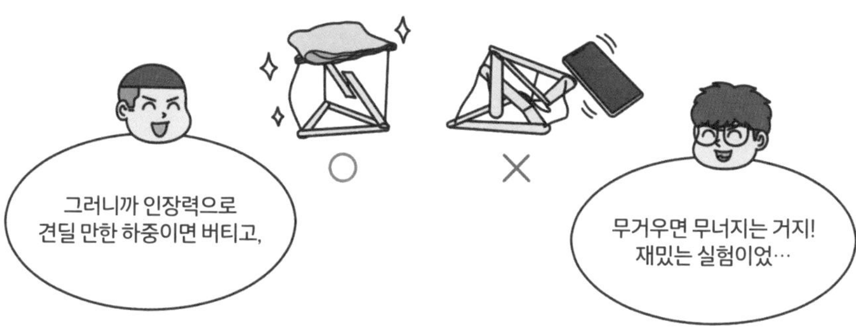

오늘의 교훈 : 아이스크림은 적당히 먹자.

진동을 수학적으로 밝힐 수 있을까?

어디 보자,
<음향학>이
어딨나….
어?
웬 쪽지지.
이 쪽지를 전 세계 수학자에게 보내시오.
에른스트 클라드니의 실험을 수학적으로
증명하는 사람에게는 금 1kg을 주겠소.
from 나폴레옹
보나파르트

금 1kg!!
1kg
공대생이 있겠다!
당장 증명하자!
불
쑥!
뭐야, 너 언제 왔냐?
돈 냄새 하나는
기가 막히게 맡는군.
보낸 사람이 나폴레옹
보나파르트?
설마
'내 사전엔
불가능이란 없다',
그 나폴레옹?
이거 찐이겠지.
어서 에른스트 클라드니의
실험을 밝히라고!
시간이 없어, 빨리!
진정해.
책 좀 보고.

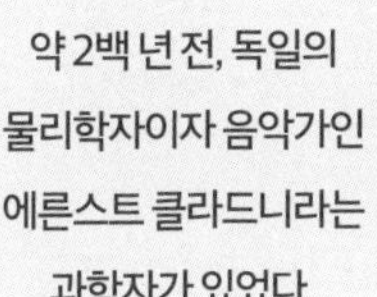

약 2백 년 전, 독일의
물리학자이자 음악가인
에른스트 클라드니라는
과학자가 있었다.

음악은,
나라에서 허락한
유일한 마약이지.

그는 1700년 대 후반,
철판 위에 모래를 뿌리고
바이올린 활로 철판을
진동시키는 실험을 했다.
그랬더니….

철판의 진동으로
모래들이 이런 다양한
모양을 만들었대.

준다, 이거지?

잠시 후 철물점
금 1kg으로 뭘 살까.
일단 게임기부터?
사장님, 이러저러해서
저러저러하게 실험을 할 거라
철판 좀 제작해주세요.
이따 목장갑
들고 오세요.
역시 주식에
투자하는 게 나으려나.
크, 크다.
그래서 목장갑을
가지고 오라고 하셨구나.
부탁한 거 나왔어요.
무거워서 실험하기
전에 팔 빠지겠다.
황금을 위해서라면
이 정도 힘은 써야지!

자, 이제 철판 위에
모래를 뿌릴 차례!
1Kg
오도독

그리고
바이올린 활로
철판을 긁으면…!!
소리야, 부디
아름다운 모양을
보여줘!
끼이익

철판이 너무 큰가?
활의 진동을
받질 못하네.
변명은 됐고,
어서 다시 해봐!

작게 제작해서
다시 가져왔어.
크흑,
이중 지출….

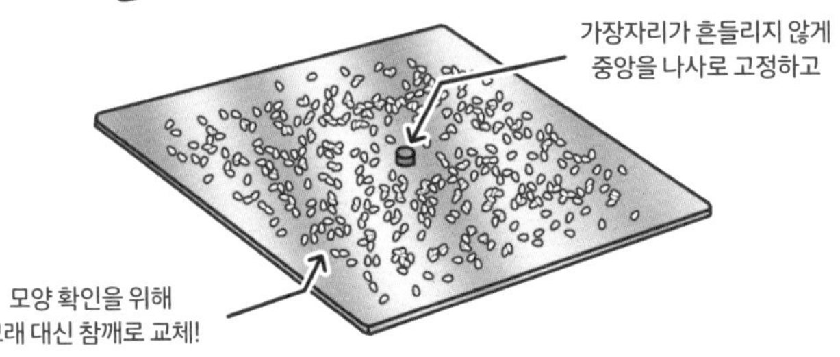
실험 UPGRADE!
가장자리가 흔들리지 않게
중앙을 나사로 고정하고
모양 확인을 위해
모래 대신 참깨로 교체!

재도전
간다!
끼이이익
아, 내 고막!
아니야. 황금을
위해선 참아야 해.

참깨가
움직인다!
끼기긱…
우아, 책에서 봤던
모양 같은 게 생겼어.
지이 이잉…
다른 데를 그으니까
모양이 바뀌네. 진짜
어떤 원리지?
클라드니도
수학적으로 완벽하게
밝히지 못했대.
내 귀만
상했….

이런 모양이 나타나는 이유는 철판의 어떤 부분은 크게 진동하고, 어떤 부분은 아예 진동을 하지 않기 때문이야. 입자들은 진동하지 않는 부분으로 이동하면서 특정한 모양을 만드는데, 이를 '정상파' 모양이라고 해.

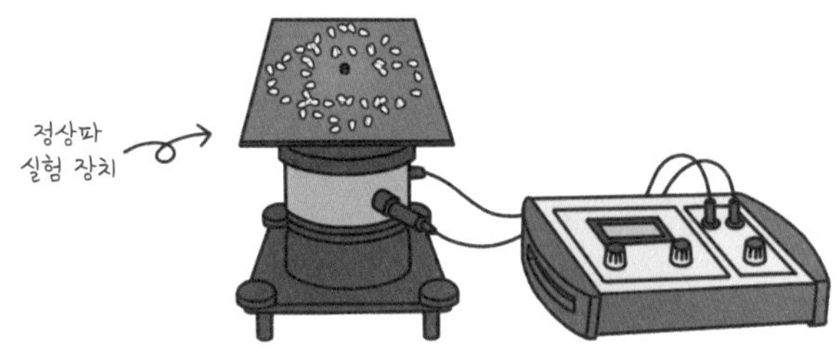

정상파란 진동의 너비(진폭)와 주파수가 같은 두 파가 반대 방향으로 이동하다 겹쳤을 때 어느 방향으로도 진행하지 않고 제자리에서 진동하는 파를 말해. 그리고 전혀 진동하지 않는 점을 '마디', 최대 진폭으로 진동하는 부분을 '배'라고 하지.

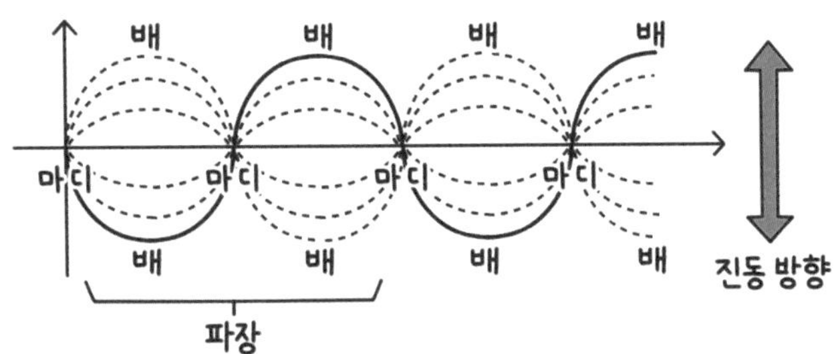

바이올린과 같은 현악기를 연주할 때에도 정상파가 생겨.

금속판 위에 흩어져 있던 참깨는 시간이 갈수록 진동하지 않는 마디로 모여들고
진동하는 부분의 영역은 비게 돼. 주파수가 높을수록 마디의 개수가 늘어나
더 복잡한 도형을 관찰할 수 있어.

결국 나폴레옹은 전 유럽의 과학자들을 대상으로 상금을 걸고 문제를 내지.

클라드니 역시 유럽 각지를 돌아다니며 과학자들로부터
수학적 답을 찾으려고 했지만 답을 찾기 어려웠어.

그렇게 4년이라는 시간이 흐른 어느 날, 한 수학자가 나타났지.

여자라는 이유로 대학에 입학하지 못했지만
수학에 천재적인 재능을 가지고 있었던 소피 제르맹이었어.

참으로 명쾌한 설명 아닙니까, 전하!
드디어 궁금증이 풀렸어. (뭔 소리인지 모르겠네.)
우아아, 대단해요! (대충 이해하는 척.)

비록 결점이 존재하는 이론이었지만 접근법 자체는 정확했어. 이후 소피 제르맹은 세 번의 도전 끝에 1816년 <표면탄성 이론에 대한 연구>를 발표했고, 이 논문으로 파리 과학 아카데미 최초 여성 수상자가 됐지.

프랑스에서 내 업적을 기리는 기념우표도 나왔다죠~
와~
0.70€
FRANCE
SOPHIE GERMAIN 1776-1831
옆에 그려진 클라드니 도형도 잊지 말라고~

이걸 수학적으로 증명을 해내다니.
후후, 이게 바로
과학자의 위대함이랄까?
잠깐, 그 말은 즉…
내 금 1kg은
물 건너갔다는 거잖아~
안 돼!!!!
1Kg
안녕….
풉! 설마 아직까지
증명이 안 됐을 거라
생각했냐? ㅋㅋㅋ

방귀를 피하는 가장 과학적인 방법은?

한가로운 연구실
용달아, 이 세상에선 눈에 보이지 않는 것이 가장 위험할 때가 있는 법이야.
갑자기 무슨 소리야?
하하~
부우욱
으악! 너 방귀 뀌었지?
어제 도대체 뭘 먹은 거야?
하하하하하하하~
젠장! 생화학 병기냐고~
뿌아아앙
부우욱

하하하
인간의 생리현상은 막을 수가 없다고! 받아들여!
아니, 난 공기의 흐름을 눈으로 직접 확인해 네놈의 방귀를 피하겠다!
자네, 만화를 너무 많이 본 것 같군.
아니, 난 과학을 믿거든!
빛을 한 점에 정확하게 모아주는 오목거울을 쓸 거다. 거금을 들였지~
무려 30만 원임
나머지 준비물은 다음과 같다.
삼각대
칼심 또는 면도칼
LED 전등
카메라
망원렌즈

STEP 1 LED 전등에서 나온 빛이 오목거울에 반사된다.

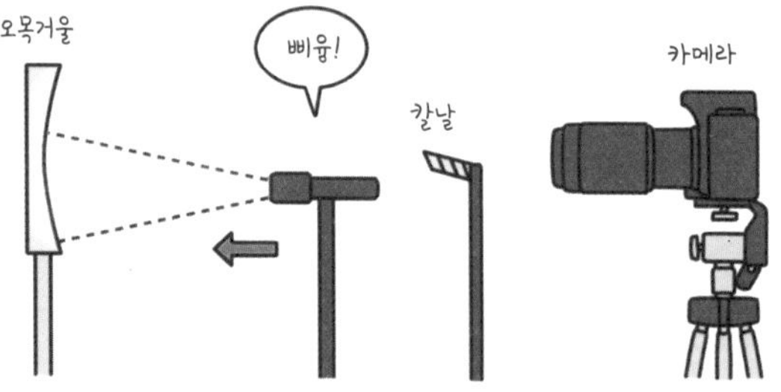

STEP 2 오목거울에 의해 반사된 빛이 다시 한 점에 모인다.

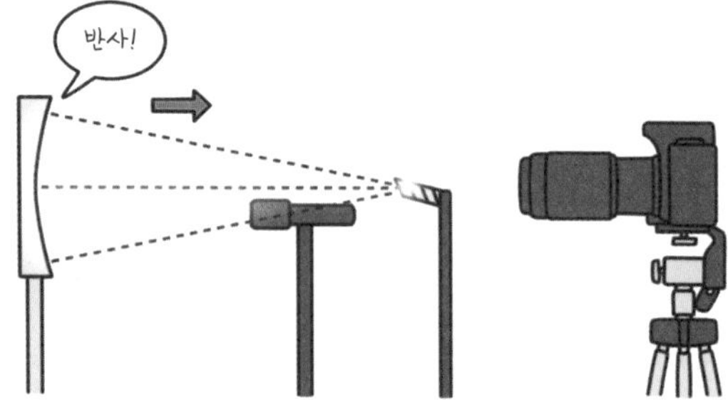

STEP 3 굴절된 빛의 일부가 칼날에 막히면서 그림자 또는 검은색 부분을 형성한다.

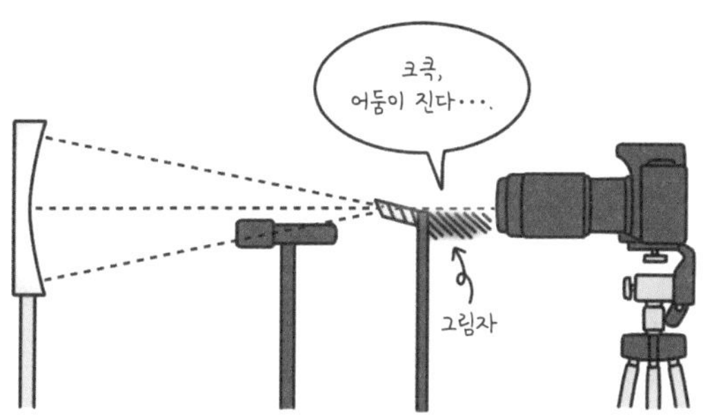
크윽,
어둠이 진다….
그림자

STEP 4 그림자를 카메라로 확인한다.

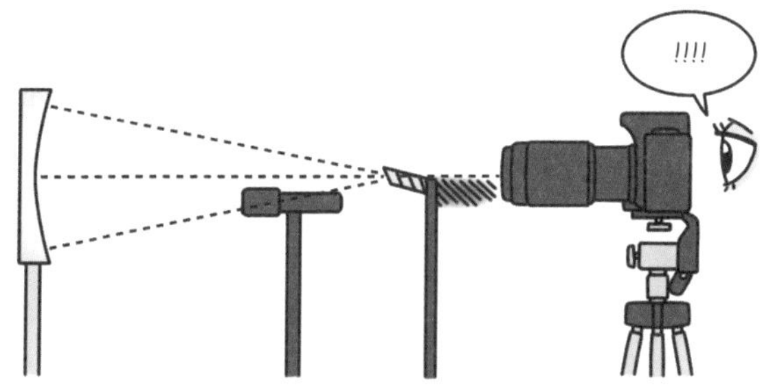
!!!!

마지막으로
오목거울 앞에서
라이터를 켜면?
오옷, 열의
흐름이 보여!

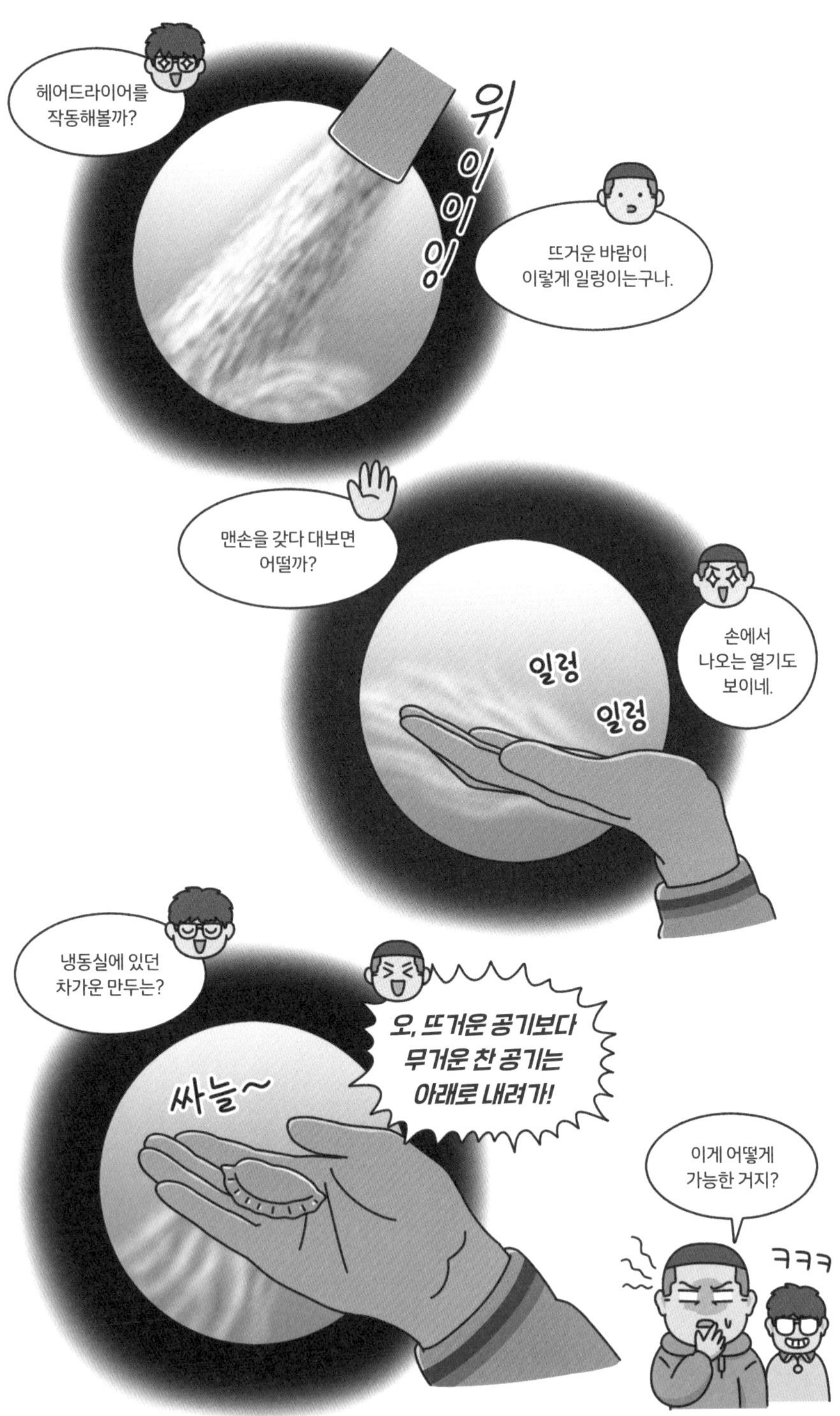
헤어드라이어를
작동해볼까?
위이이잉
뜨거운 바람이
이렇게 일렁이는구나.
맨손을 갖다 대보면
어떨까?
손에서
나오는 열기도
보이네.
일렁
일렁
냉동실에 있던
차가운 만두는?
싸늘~
오, 뜨거운 공기보다
무거운 찬 공기는
아래로 내려가!
이게 어떻게
가능한 거지?
ㅋㅋㅋ

빛, 칼날, 카메라, 거울 같은 재료로 어떻게 공기의 흐름을 볼 수 있는지 이해하기 위해서는 먼저 굴절에 대해 알아야 해.

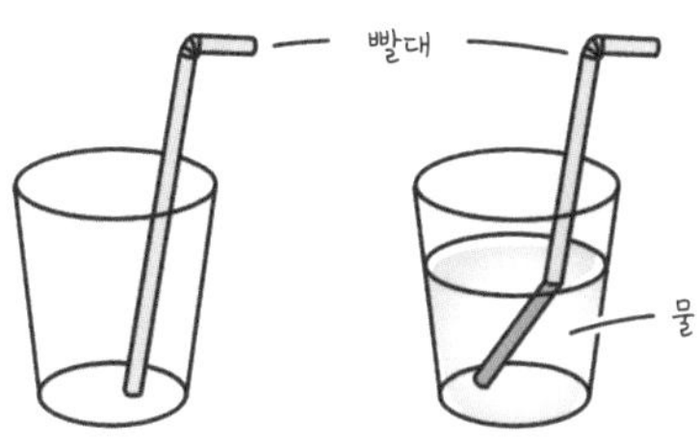

사람의 눈은 물속에 있는 물체를 실제보다 가깝게 있다고 느끼거든. 왜 수영장 물이 얕은 줄 알고 들어갔다가 생각보다 깊어서 놀랄 때 있잖아.

물속에서 시각이 왜곡되는 이유는 빛이 공기에서 물속으로 들어갈 때 경계면에서 방향이 꺾이기 때문이야.

빛은 한 매질에서 다른 매질로 이동할 때 경계면에서 방향이 꺾이는 특성을 가지고 있어. 주변 공기보다 뜨겁거나 차가울 때도 굴절이 일어나. 그 예로 신기루 현상을 들 수 있지.

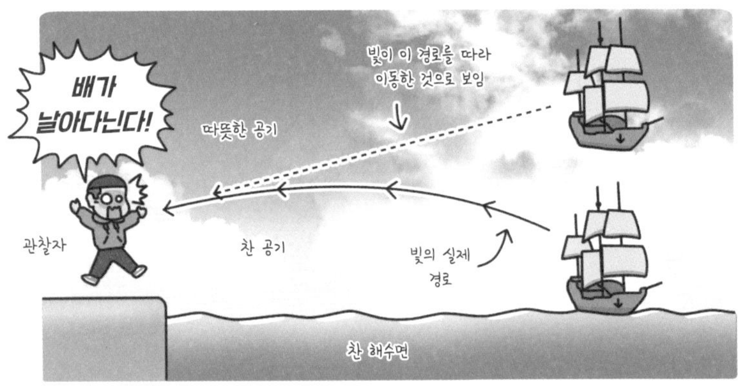

어쨌든 이 원리에 의하면, 광원에서 나온 빛이 열기를 통과할 때 미세하게 굴절하게 돼. 사방으로 굴절된 빛 중 일부가 칼날에 의해 막히면 그 부분은 어두워지고, 막히지 않고 통과한 빛은 밝게 나타나지.

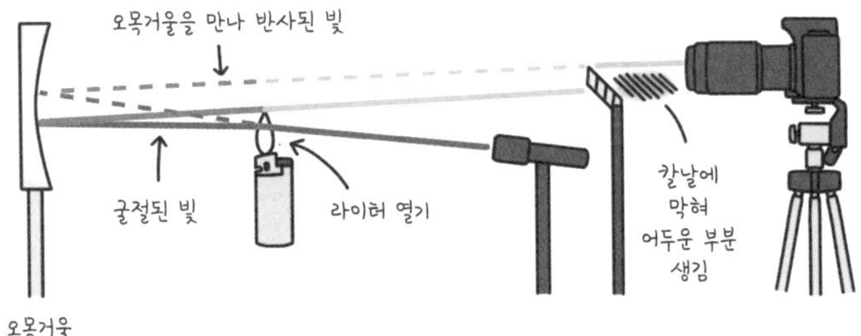

근소한 굴절률의 변화가 명암의 차로 나타나는 이 장치를 '슐리렌 장치'라고 불러.

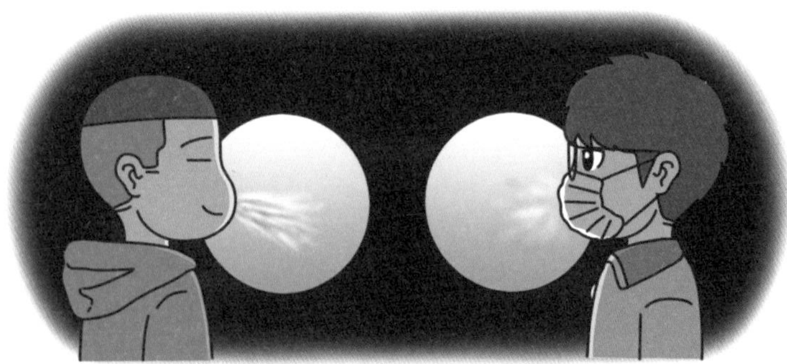

칼날의 높이에 따라서도 상이 다르게 나타나는데, 칼날을 아래로 내릴 경우에는 통과하는 빛의 양이 많아 공기의 흐름이 잘 보이지 않지만 칼날을 올릴수록 뚜렷하게 보이게 돼. 칼날이 상을 절반 정도 가렸을 때가 제일 잘 보여.

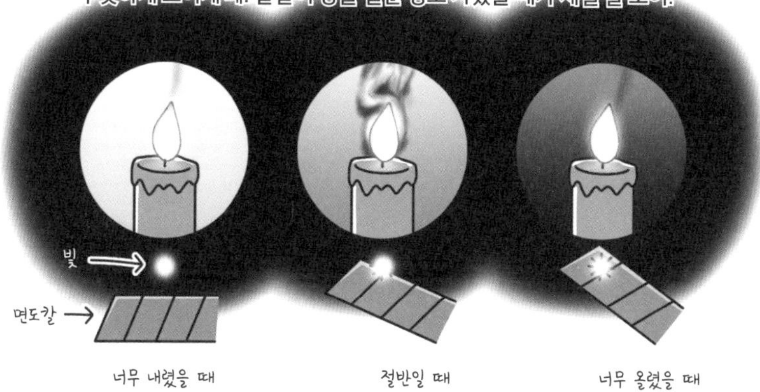

방사선을 눈으로 볼 수 있다면?

라돈 침대에서
기준치의 2~9배가 넘는
방사능 물질이 검출돼
충격을 주고
있습니다.
NEWS
라돈 1급 발암물질
헉! 잘못 만든
침대에서 자면
방사능 물질에
노출될 수 있다고?!
무서워서 안 되겠다.
이제부턴 바닥에서 자야지….
공기 중에도 방사선이
있는데 괜찮겠어?
뭐? 그럼 어떡해!!
피폭의 두려움에 떠는 휴먼이여,
무섭지롱~

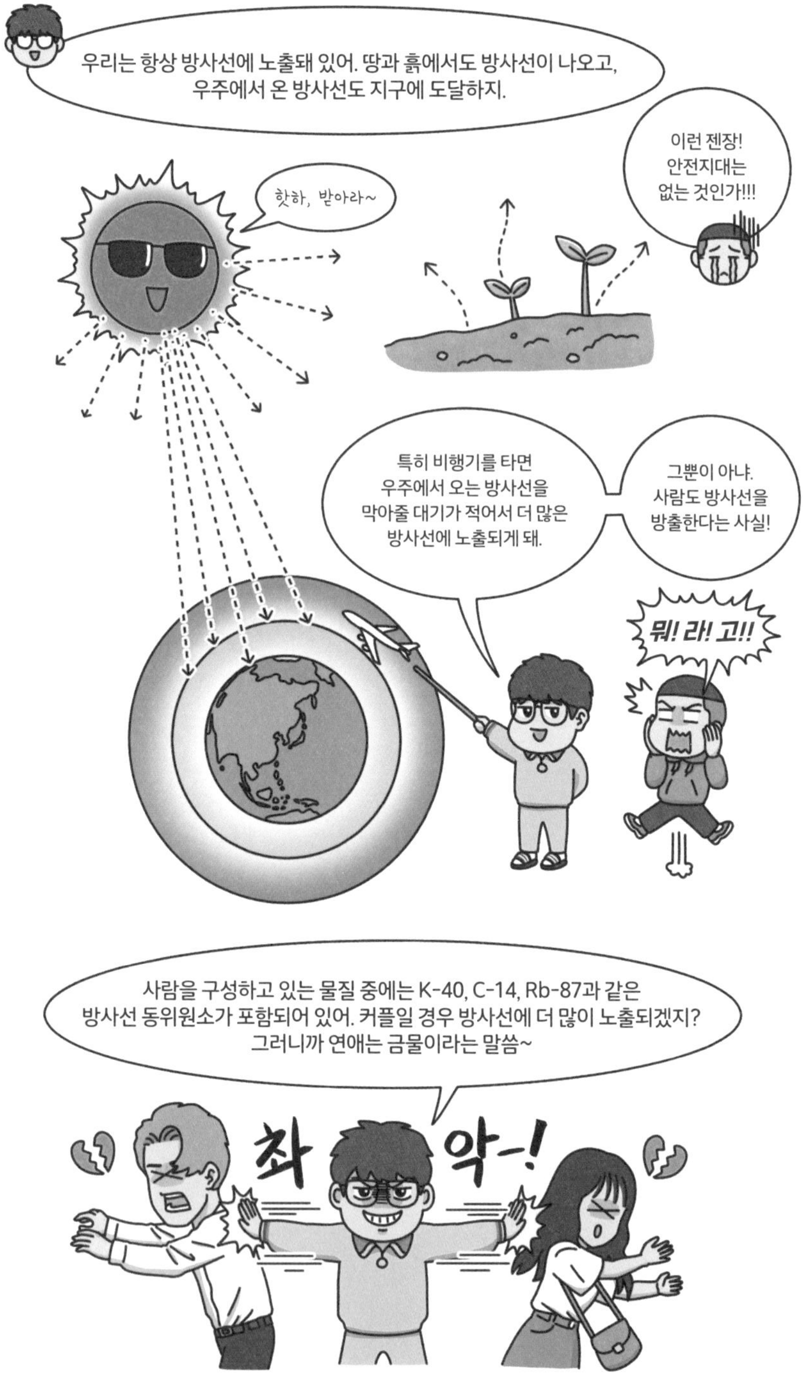

우리는 항상 방사선에 노출돼 있어. 땅과 흙에서도 방사선이 나오고,
우주에서 온 방사선도 지구에 도달하지.

핫하, 받아라~

이런 젠장!
안전지대는
없는 것인가!!!

특히 비행기를 타면
우주에서 오는 방사선을
막아줄 대기가 적어서 더 많은
방사선에 노출되게 돼.

그뿐이 아냐.
사람도 방사선을
방출한다는 사실!

뭐! 라! 고!!

사람을 구성하고 있는 물질 중에는 K-40, C-14, Rb-87과 같은
방사선 동위원소가 포함되어 있어. 커플일 경우 방사선에 더 많이 노출되겠지?
그러니까 연애는 금물이라는 말씀~

뭐래? 일정량의 방사선은 별 문제 없는데?
사람이 방출하는 방사선은 극소량이라고.
참아, 자기야.
오죽 외로우면
저러겠어.
크흑….
뭐야, 용달!
그런 거였어?!
고로, 오늘은 너무 작아서 보이지 않는
우리 주변의 방사선을 '궤적'으로 관찰하는 실험을
해볼까 해~!!
은근슬쩍 실험으로
넘어가지 말라고~
전자
<10^-16cm
쿼크
<10^-16cm
원자
~10^-8cm
원자핵
~10^-12cm
양성자
~10^-13cm
우리가 바로 준비물이라네~
큰 어항
쇠쟁반
Ethyl Alcohol
알코올
BLACK
검은색 락카
드라이아이스
양면테이프
가위
스펀지
손전등

STEP 1 스펀지나 헝겊을 어항 바닥에 부착한다.

STEP 2 알코올을 바닥에 부어준다.

STEP 3 쟁반을 검게 칠하고 드라이아이스 위에 올려준다.

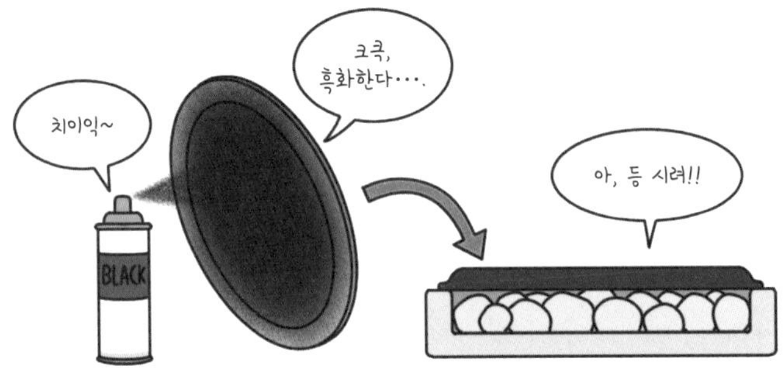

STEP4 어항을 뒤집어 쟁반 위에 둔다.

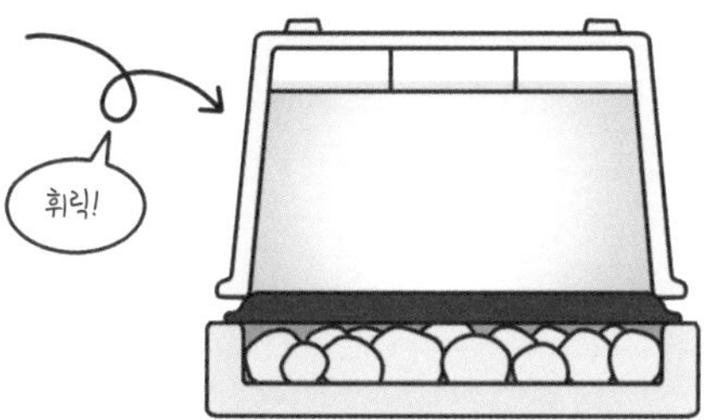
휘릭!

STEP5 주변을 어둡게 하고, 수조에 빛을 비춘다.

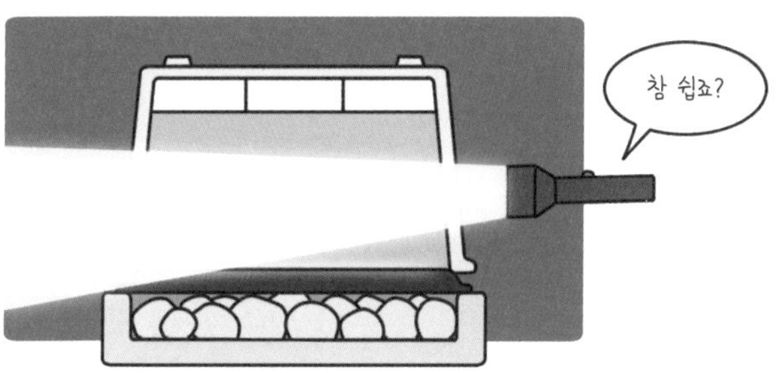
참 쉽죠?

방사선 궤적아, 어서 우리에게
모습을 보이거라~!
꿀꺽….

야. 뭐가 보인다는 거야,
대체!
어라,
이상하다;;;

아, 이유를 알았어! 우린 에틸알코올(Ethyl alcohol)을 사용했는데,
참고한 원본 실험에서는 아이소프로필알코올(Isopropyl alcohol)을 사용했더라고!

근데 모양이 제각각이네?
맞아! 방사선 입자는 세 가지가 있거든~
굵고, 두껍고 순식간에 꺾이는 건 알파 입자.
인생은 짧고 굵게!
얇으면서 쭉쭉 뻗어나가는 건 뮤온.
아니지. 가늘고 길게지!
지그재그로 나오는 건 베타 입자야!
나는 와리가리여~
방사선 궤적이 보이는 원리가 대체 뭐야?? 빨리 설명해줘!
후후, 궁금하면 500원~
아니다. '공돌이 용달' 구독!

이 모형은 사실 스코틀랜드계 물리학자 찰스 윌슨이 발명했어.
1900년대 초반에 구름 및 안개를 재현하고자 하다가 우연히
방사선이 지나가는 궤적을 볼 수 있다는 걸 발견하게 됐지.

상대적으로 위쪽의 공기가 따뜻하기 때문에 에탄올이 증발하면서 확산해
아래로 퍼져 철판 아래의 드라이아이스가 내뿜는 냉기를 맞닥뜨리게 된 거야.

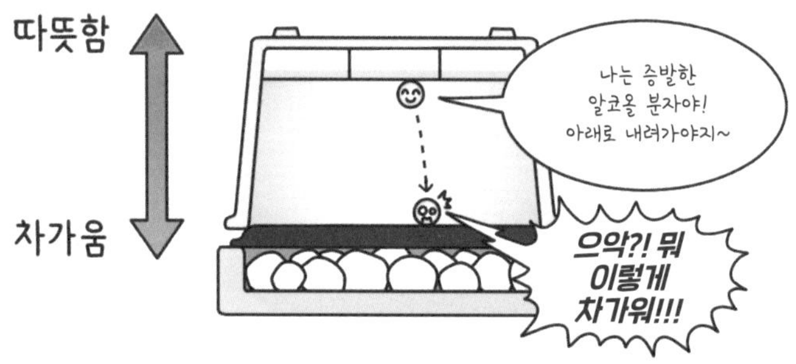

이때 방사선이 온도가 내려가 액체가 되기 직전 과포화 상태의
알코올 분자들을 때리고 지나가면, 알코올 분자의 전자가 잠깐 나갔다가
들어오면서 해리된 분자들 사이에 공간이 생기지.

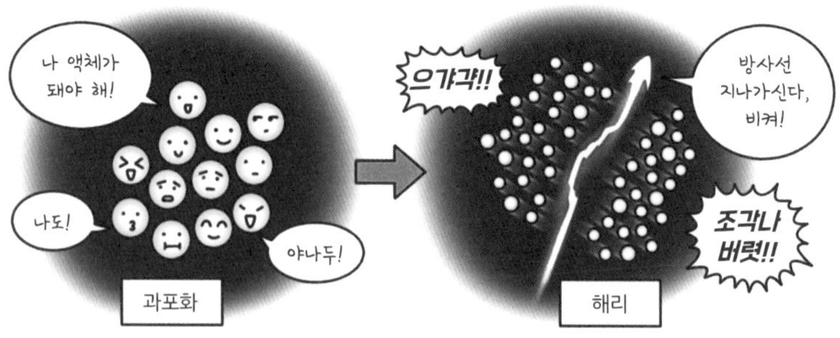

포화 용액에 존재하는 용질보다
더 많은 양의 용질을 함유하는 상태.

화합물을 더 작은 입자로
분해하거나 분할하는 것을 말한다.

이때 일시적으로 액체가 된 에탄올 분자들이
방사선이 지나간 틈새로 응집되면서 궤적이 보이게 되는 거야!

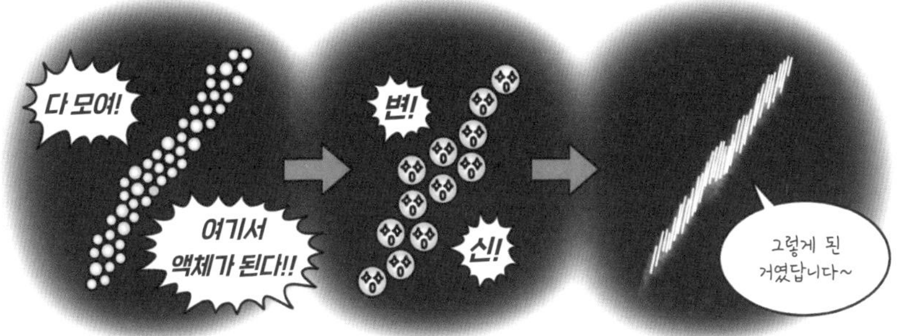

4장

직접 발로 뛰며 하는 탐구

미션,
운석이 떨어진 흔적을 찾아라!

이야~ 승차감
죽이는데?
80개월
할부라고~
부릉~

초대박 장소에
가자더니 계속 숲으로
가는 눈치다.
조금만 기다려봐.
거의 다 왔으니까.

초계분지
어때? 진짜
대박이지 않냐?
가슴이 웅장해져~
…….

뭔 헛소리야!
그냥 논밭
풍경이잖아!
내 귀한 주말
돌려내!!
후후~
저 아래가 약 지름 200m에
달하는 유성이 충돌해 생긴
거대 운석구라고 해도?
게임 시나리오 쓰냐?
그러기엔 너무 멀쩡하잖아.
그야 신생대 제 4기(약 250~1만 년 전)에
떨어졌으니까. 지금은 흔적만 남았지만
당시에는 난리도 아니었을걸.
다른 예로,
약 5만 년 전 미국 애리조나 사막에
지름 약 50m 운석이 떨어졌는데…
콰앙!

지름 1.2km에 달하는 충돌구가 생기고, 5.5 강도의 지진이 일어났거든.
반경 3~4km 생물은 모두 즉사했고, 10km 내외 생물은 화상을 입었지.
이, 이거 다 옛날이야기지? 내 살아생전 거대 운석이 떨어졌다는 말은 들어본 적이 없는데.
무슨 소리야. 2013년 2월 15일 러시아 첼랴빈스크 주 상공에서 지름 15m, 질량 7000톤에 달하는 소행성이 3000kt 급의 폭발을 일으킨 사건이 있었어.
쿠오오오...
그 충격파만으로 건물이 무너지면서 1,500여 명이 넘는 부상자가 생겼다지.
헉;; 공중 폭발만으로 그 정도라고?!
와장창!

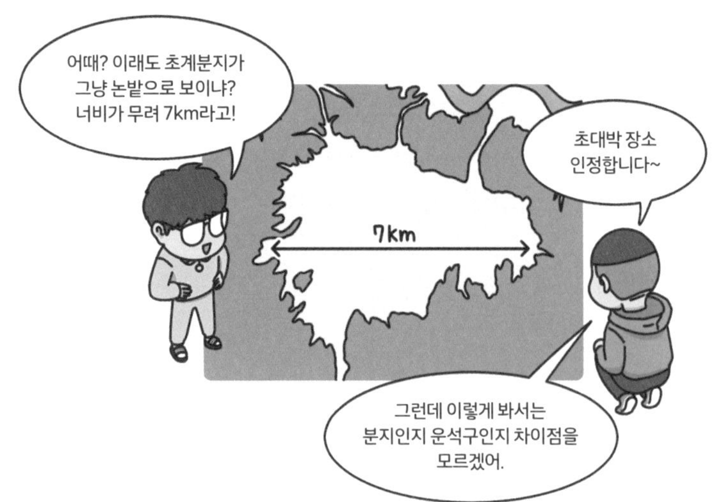
어때? 이래도 초계분지가
그냥 논밭으로 보이냐?
너비가 무려 7km라고!
7km
초대박 장소
인정합니다~
그런데 이렇게 봐서는
분지인지 운석구인지 차이점을
모르겠어.

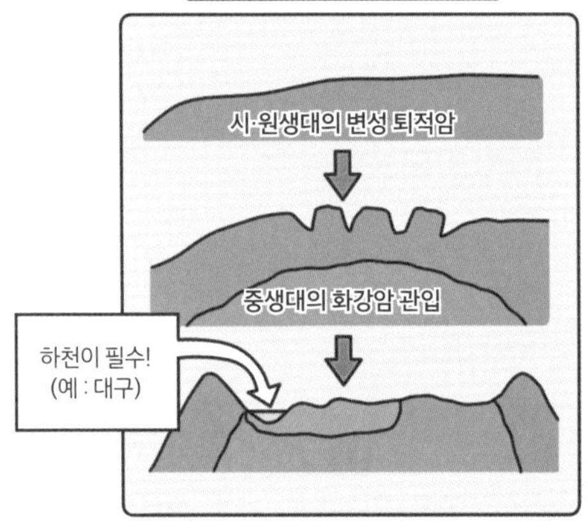
일반적인 분지의 생성 원리
시·원생대의 변성 퇴적암
중생대의 화강암 관입
하천이 필수!
(예 : 대구)

몇 가지 생각해볼 만한 게 있어.
첫 번째, 이 지역은 잘 들여다보면
일반적인 분지와는 달리
충분한 크기의 하천이 없어.

하지만 그건
정황일 뿐이잖아.
그래서 연구팀이
정확히 밝혀내기 위해
깊이 142m까지
시추코어 조사를 했어.

세립질 : 1mm 이하의 작은 결정의 암석으로, 매우 잔 알갱이로 이루어진 물질.

그리고 또 한 가지 결정적인 증거가 있는데, 시추 130m에서 나온 암석의 모양이야. 셰일 암석에 충격파로 형성된 원뿔형 암석 구조가 거시 증거로 발견됐거든.

암흑물질은 정말 존재할까?

야, 우리 길
잘못 들어온 거 같아.
여기 그냥 터널이 아니야.
엄청 깊어.
잘 온 거
같은데?!

잘 오긴 개뿔!
귀신 나올 거
같구먼!
호달달
어허~ 공학도의
친구가 귀신이라니~

크아악!!
뭐야!! 눈 부셔!!!!
번쩍!

야, 괜찮냐?
내가 누구로 보여?
오, 오징어….
괜찮군요.
(매우 진지)

잘 오셨어요.
여긴 지하실험 연구단의
연구실이에요.
영광입니다, 선생님!
몇 달 동안 연락을
드렸는데 이렇게
결실을 맺네요.
지… 하… 실험?

아니, 왜 실험을
음침하게 지하에서 해요?
서, 설마!!
아, 여긴 우주에 있는
암흑물질을 연구하는
곳이라서요.

맞습니다. 빛을 발하지 않을뿐더러 전파, 적외선, 가시광선, 자외선, X선, 감마선 등과 같은 전자기파도 관측되지 않아요.

증명되지 않은 가상의 물질이죠.

빛으로 관측을 할 수 없다면 지하에 있는 이유가 뭔가요?

암흑물질이 만약 상호작용을 한다면 굉장히 희미한 흔적을 남기는데, 이것을 측정하기 위해서는 잡음이 없어야 하거든요.

한마디로 방사선과 잡신호가 전혀 없는 공간이라는 뜻이지.

아오, 시끄러워. 못 살겠네.

아앗!

근데 발견이 안 됐다는데 왜 있다고 생각하시는 거예요?

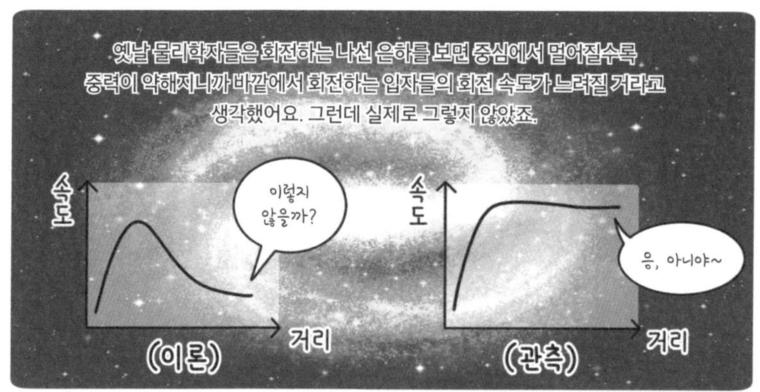

과학자들은 그 이유로, 보이지 않지만 엄청난 질량의 물질이 우주에 은하와 함께 존재한다면 가능하다는 계산을 하게 된 것이지요.

그게 암흑물질이고! 알겠냐?

단순히 방사선과 잡신호가 없는 지하라고 해서 그것을 검출할 수 있는 건 아니지 않나요?

네, 그래서 우리는 코사인(COSINE) 검출기로 윔프(WIMP)라는 암흑물질의 흔적을 잡아내고 있어요.

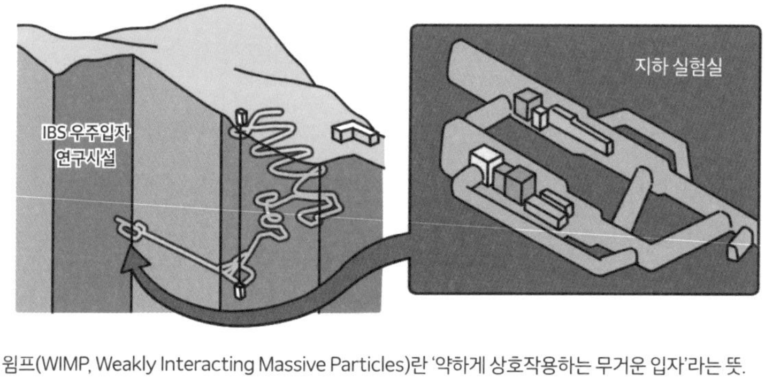

IBS 우주입자 연구시설

지하 실험실

윔프(WIMP, Weakly Interacting Massive Particles)란 '약하게 상호작용하는 무거운 입자'라는 뜻.

안녕? 나는 코사인 검출기야. 요오드화나트륨 결정으로 이루어져 있지.
만약 암흑물질이 존재해 섬광체인 요오드화나트륨 결정과 상호작용을 한다면···
플라스틱 섬광체 패널
구리 박스
액체 섬광체
광증배관 속에 든 요오드화나트륨 결정
약간의 에너지를 이 결정에 잃게 되고
그 에너지가 빛을 만들게 될 거야.
나는 그런 역할을 담당하고 있어.
그, 그걸로 암흑물질을 발견했나요?
그렇지는 않지만, 20여 년 전 이탈리아 DAMA 실험팀이 포착했던 신호가 윔프 신호가 아니라는 아주 유의미한 발견을 했죠.
EPJ Plus
완전 아님
암흑물질 발견은 아직이지만
20여 년 만에 새로운 사실을 증명했다는 게
대단해요! 가능성이 보입니다!!
불끈..
짝
짝

우리 눈에 보이는 물질들은 극히 일부에 지나지 않아요.
우주는 정체를 알 수 없는 암흑물질(22%)과 암흑에너지(74%)가
존재하지요. 언젠가 그 물질 중 하나가 발견되어
수수께끼가 풀리는 날이 오겠지요.
그럼요!
과학은 역시
감동이 있어~

자, 이제 여러분은 여러분을
기다리고 있는 빛의 세계로 가시죠.
아닙니다. 그 연구에 제 친구를
바치겠습니다. 여기에 남기도록 하겠…
?!

하핫, 저는 눈에 보이는 것을
연구하도록 하겠습니다.
이를테면…
읍! 읍!
초대형 렌즈
치이익
고기

과학하고 놉니다

초판 1쇄 인쇄 2022년 4월 22일 **초판 1쇄 발행** 2022년 4월 28일

지은이 정용준
그림 하얀콩
펴낸이 이승현

편집1 본부장 한수미
에세이1 팀장 최유연
편집 조한나
구성 이상은 조한나
과학 감수 엑소(이선호)
디자인 신나은

펴낸곳 ㈜위즈덤하우스 **출판등록** 2000년 5월 23일 제13-1071호
주소 서울특별시 마포구 양화로 19 합정오피스빌딩 17층
전화 02) 2179-5600 **홈페이지** www.wisdomhouse.co.kr

ⓒ 정용준 · 하얀콩, 2022

ISBN 979-11-6812-295-6 03400

* 이 책의 전부 또는 일부 내용을 재사용하려면 반드시 사전에 저작권자와 ㈜위즈덤하우스의 동의를 받아야 합니다.
* 인쇄 · 제작 및 유통상의 파본 도서는 구입하신 서점에서 바꿔드립니다.
* 책값은 뒤표지에 있습니다.